工业设计/产品设计专业系列教材

吴国荣 主编

产品形态创意表达

形体推演

化学工业出版社

·北京·

内 容 简 介

本书针对产品设计中手绘训练提出了创新性的方法与技巧，对设计手绘实践运用和产品表现的推演具有较好的指导意义。

本书以产品形态推演表现为核心，并结合自身设计实践项目进行解析，主要内容包括：产品设计表达、产品设计赋色、产品设计方法体系、产品设计中的形体推演、产品仿生设计推演表现、产品有机形体设计推演表现。这些内容蕴含了产品造型设计中的新的探索点，并在解析设计表现要点的同时，展现出宽广的创意表达空间。

本书适合工业设计、产品设计、艺术设计专业的高校师生和从事产品设计的技术工作者、企业产品规划人员以及产品设计爱好者学习参考。

图书在版编目（CIP）数据

产品形态创意表达. 形体推演 / 吴国荣主编. —北京：化学工业出版社，2021.12

ISBN 978-7-122-40619-4

Ⅰ. ①产… Ⅱ. ①吴… Ⅲ. ①产品设计－表现 Ⅳ. ①TB476

中国版本图书馆 CIP 数据核字（2022）第 022214 号

责任编辑：陈 喆 王 烨　　美术编辑：王晓宇
责任校对：杜杏然　　装帧设计：水长流文化

出版发行：化学工业出版社（北京市东城区青年湖南街 13 号 邮政编码 100011）
印 装：涿州市般润文化传播有限公司
710mm×1000mm 1/16 印张 10¾ 字数 252 千字 2021 年 12 月北京第 1 版第 1 次印刷

购书咨询：010-64518888　　售后服务：010-64518899
网 址：http://www.cip.com.cn
凡购买本书，如有缺损质量问题，本社销售中心负责调换。

定 价：68.00 元

《产品形态创意表达　形体推演》
编写人员

主　编：吴国荣

副主编：陈旭辉　胡红忠　黄诗雯

参　编：安静斌　钟　丹　魏开伟　孙少琦

前言

设计是一种有目的性质的创新思维活动，在达到这个目标活动的过程中，所采用的方法是保证设计过程顺利进行的前提。而设计手绘部分主要包含：搜寻问题、分析定位、构思产品、表达创意。因此设计手绘是一名优秀工业设计师所必备的技能。而设计手绘的本质在于快速表达自己的概念思维，把内心所想通过正确的透视结构加以绘制表现，这种设计表现手法也称为概念草图。如何进行手绘能力的训练，是现如今设计教学新形势下需要面临的首要问题。现有的设计表现类教材多注重产品的外观形态造型，一味地进行模仿，从而忽略了产品创造形体的进化规律。

本书在复杂的产品形态中寻觅出产品形体推演的规律，从传统建模软件“Rhino”中提取操作命令原理进行方法理论创新并总结出一套行之有效的草图绘制方式，来指导学生的设计思路以及优化学生的设计策略，从而提升学生学习设计表现能力的主观性、能动性和创新性。本书共7章，其中第1～5章由南昌大学吴国荣编写；第6章由南昌大学陈旭辉、黄诗雯、孙少琦编写；第7章由安静斌（太原工业学院）、南昌大学钟丹、魏开伟编写。全书由吴国荣、陈旭辉、胡红忠统稿。

本书是南昌大学本科教材资助项目，感谢学校的支持！

目录

产品设计表达

第 2 章

产品设计赋色

产品设计方法体系

产品设计中的形体推演

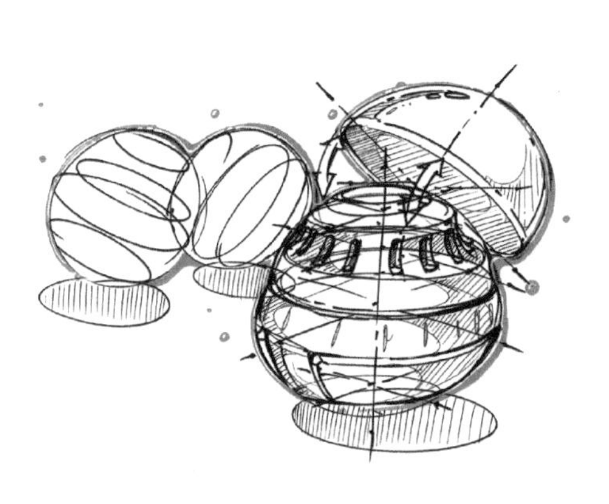

产品仿生设计推演表现

产品有机形体设计推演表现

优秀作品临摹范稿

第1章

产品设计表达

1.1 造体艺术的学习意义

所谓造体艺术就是指运用一定的物质材料（如颜料、纸张、泥石、木料等），通过塑造静态的视觉形象来反映社会生活，表现艺术家思想的一种艺术，如图1-1。

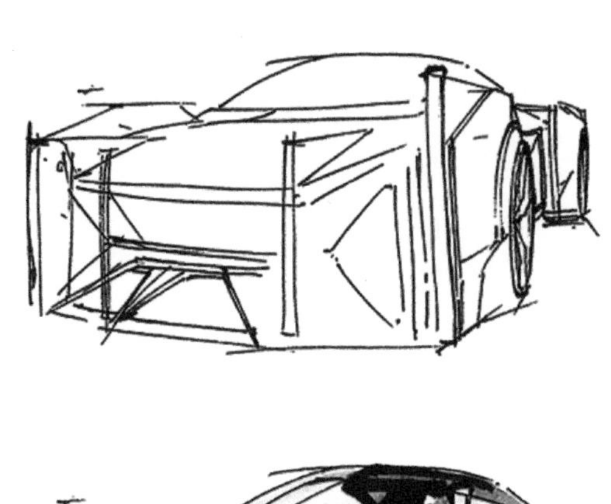

图1-1　汽车的形体推演设计

在日常的生活中，总能听到结构工程师抱怨产品设计师的设计思维天马行空，在设计产品外观造型时从不考虑产品内部结构的约束性，经常设计一些不切实际的产品外观造型；反之，产品设计师们也时常指责结构工程师的呆板、不知变通，难以实现产品造型上的美学特征，这就需要认识到一个产品的推出是需要多学科相互融合才能取得成功，但一味地追求学科理论而抛开生活实际的造体艺术也是不可取的。产品的造型设计与现代人类生活密切相关，是伴随着人类的生产生活而产生的，其在我们的日常生活中无处不在，涉及我们衣食住行的方方面面。

产品外观造型的颜值直接影响到顾客是否会为你所设计的产品而驻足，造型第一印象更是顾客购买欲望的源泉。因此，产品外观的形态美在商业社会中是至关重要的。设计师们在进行产品外观造型设计的时候既要满足基本的功能需求，遵循制造原理，优化产品内部结构，更要设计出符合用户人群喜好与审美观念的新颖的外观造型。不管是内部结构的设计还是外观造型的设计，其最终目的都是为了能把整个产品的设计做到极致，无论是在功能、结构还是外观效果的呈现上，都能给使用者带来更加舒适的用户体验。总而言之，造体艺术作为产品设计表达的一门语言艺术，需要广大设计师们进行深入的再研究、再设计，在造体学习的过程中探讨产品的“形态”与“语义”之间的辩证统一关系，倡导以产品设计方法体系为指导的全新设计观念来进行合理的产品形态设计，以实现产品语义的良好传达，为消费者设计出更多好看的、好用的、有趣的产品。

1.2 造体的基础

学习造体（即造型设计、产品的形体推演设计）首先要充分了解它的发展史。产品的形态创意表达是人类创造力的外在表现，设计师在为人类设计使用的产品、工具与日用品的同时，也赋予了它们一定的外观质量和外观特征。人们生活中的产品外观造型是持续变换的，每个时代都有不同的设计师设计出不同的产品来为人类服务，简而言之，产品设计的外观造型一直随着时代的变换与审美的革新而不断前进。纵观历史上随着时间的推移所发生的演变，寻其规律，对产品进行再研究、再创造，这是设计师不可缺少的态度。

提及造体的基础，对于造型设计理论知识的学习则是至关重要的。随着时代的发展，传统产品设计的发展伴随着现代技术的革新，但就本质来看，理论研究的重要地位并未产生丝毫动摇。因此，设计师学习造体的基础即是学习造体的理论知识，在理论的基础上对产品形态的创新进行深入研究。

造体基础的核心就是造型，所谓造型性就是舍去实用的条件和具体内容后直接感受到的纯粹形态、色彩和肌理感等设计因素。造型性的学习，要学会慢慢舍去内容和功能的局限，并进行无目的、抽象的思维发散倾向。也就是说，在产品造型的推演及创作上要专注于纯粹的视觉感官，发挥头脑风暴的作用。即便是对具象的形的再创新，设计师也要兼并抽象思维的构成。同理，在抽象形的创作中，设计师也可以在其中蕴含丰富的具体形象，达到抽象形态和具象内容相融合的特殊美感，如图1-2。因此，不管具象或抽象，设计师们一定要学好造型性的机能、构造、技术等知识，才能在产品设计形体推演的过程中将理论与实践有机统一，相辅相成，从而形成较强的综合设计能力。

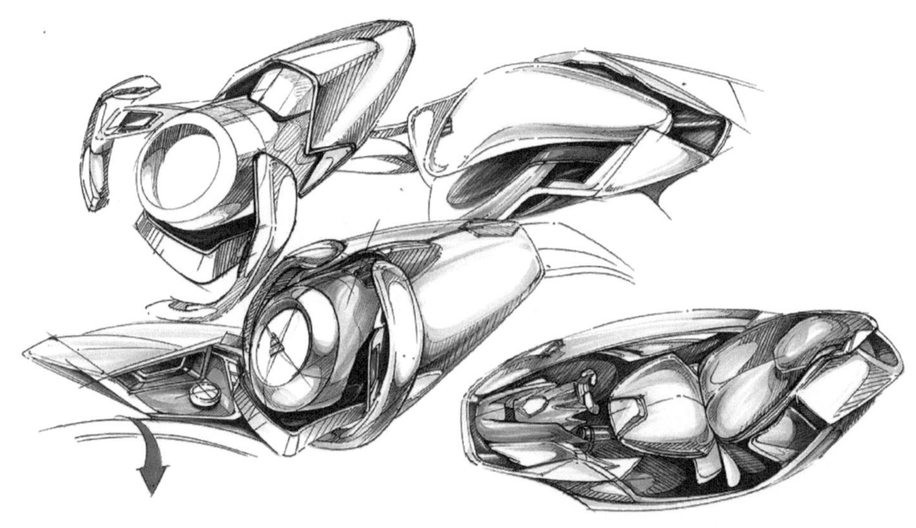

图1-2 汽车方向盘的造型性研究

1.3 透视原理

当我们观察景物时，由于站立的高低、注视的方向、距离的远近等因素的影响，景物的形象常常与原来的实际状况有不同的变化。如图1-3所示，同样的树变得愈来愈窄，这种现象称为透视现象。这些变了形的视觉形象，却表达了物象的全部空间存在的基本形状。“透视”（perspect ive）一词的含义，就是透过透明平面来观看景物，从而研究它们的形状的意思。透视画面所反映出的透视图，基本上是一个“中心投影”，就好像照相机的成像原理。

图1-3 中心透视原理图

透视学是在平面上研究如何把我们看到的现象投影成形的原理和法则的学科，即研究在平面上立体造型的规律。

透视学中，投影成形的原理和法则属于自然科学，但透视学的实际运用却是为实现画家的创作意图服务的，因为在透视的运用上又必须遵循造型艺术的规律。

“透视”是一种绘画活动中的观察方法，也是研究视觉画面空间的专业术语，通过这种方法可以归纳出视觉空间的变化规律。

客观物体占据的自然空间有一定的大小比例关系，但一旦反映到眼睛里，它们所占据的视觉空间就并非是原来的大小了。正如一个花瓶和一栋高楼相比微不足道，花瓶在远处几乎观察不到，但若将其向眼前移动，它的视觉形象就会越来越大，最近竟能遮住高楼，甚至整个天空。根据这个规律，我们可以通过玻璃窗子向外观察，外面的景物，或马路，或山峰，或建筑，都可以通过一个小小的窗户看到。如果用一个人的眼睛作固定观察，就能用笔准确地将三度空间的景物描绘到仅有二度空间的玻璃面上，这个过程就是透视过程。用这种方法可以在平面上得到相对稳定的、具有立体特征的画面空间，这就是“透视图”。不过，详细地研究透视需要长篇大论，我们画手绘时只需要记住透视的核心原理——近大远小。

1.4 透视的基本术语

点、线、面是透视的重要因素，离开这三个因素，透视也就无从谈起。通常来说，视点是研究各种透视的先决条件，物体是描述客观对象在透视中的重要依据，画面是视点与物体之间所产生透视关系的“媒介”，它们三者互为整体，缺一不可。

视平线：就是与画者眼睛平行的水平线，如图1-4。

心点：就是画者眼睛正对着的视平线上的一点。

视点：人眼睛的位置。

视中线：就是视点与心点相连，与视平线成直角的线。

灭点：就是与画面不平行的成角物体，透视中伸远到视平线心点两旁的消失点。

画面：画者与景物间的透明界面。平视时，画面垂直于地面；倾斜仰、俯视时，画面倾斜于地面；正俯、仰视时，画面平行于地面。

物体：指自然界客观存在的一切宏观形状、宏观体积或宏观质量的物质。

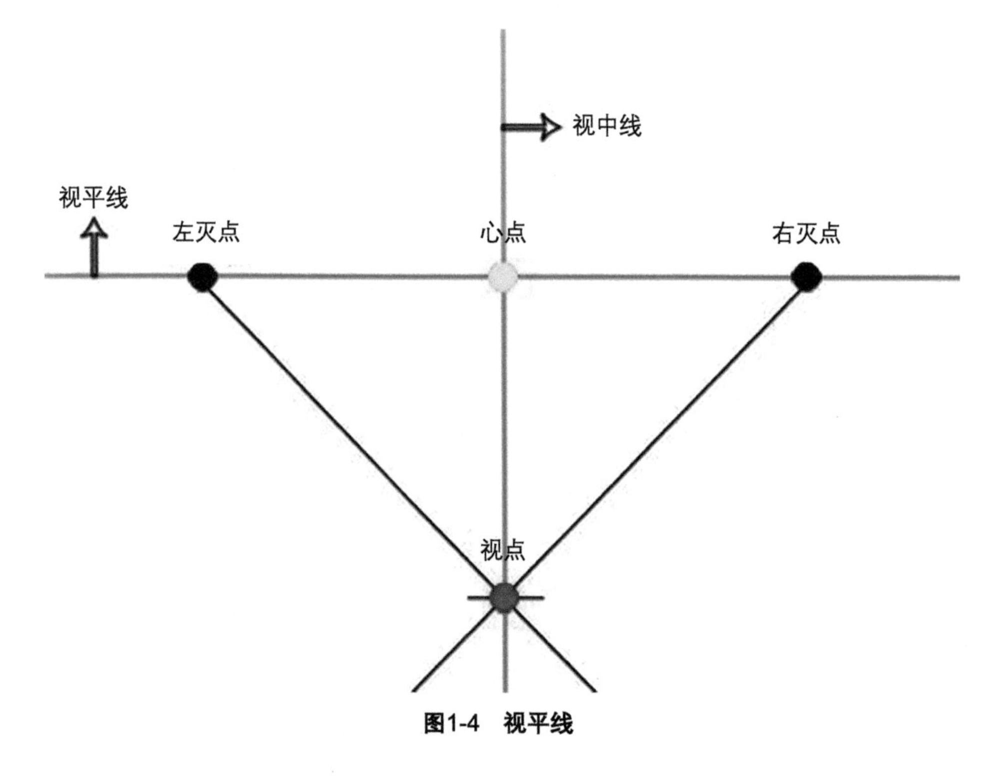

图1-4 视平线

1.5 一点透视

1.5.1 方体练习

一点透视即平行透视，在透视制图中的运用最为普遍。平行透视图表现范围广、涵盖的内容丰富，说明性强，运用丁字尺、三角尺制图，快捷而实用，如图1-5。

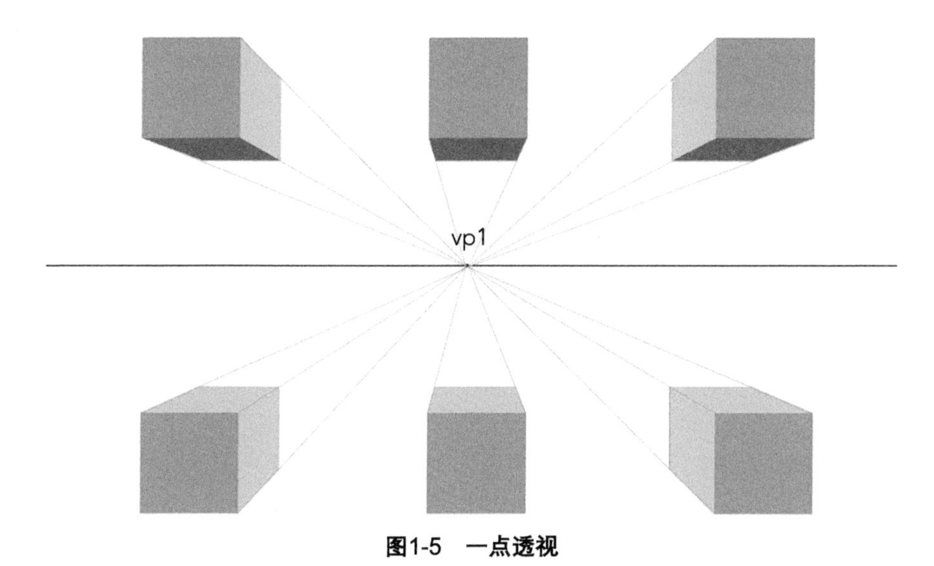

图1-5　一点透视

一点透视的常见作图法则：首先画出视平线，然后在视平线的下面画出一个方框，在视平线上定出灭点，再连接方框，根据近大远小的规律画出立方体，如图1-6。

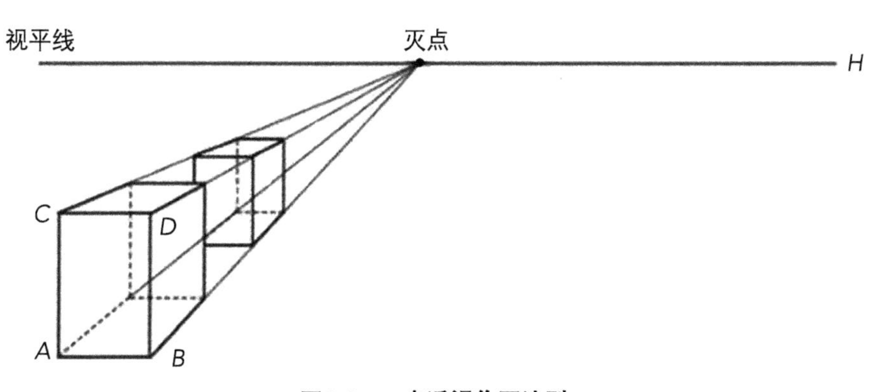

图1-6　一点透视作图法则

同理，可以绘制出多个同样的正方体，如图1-7。

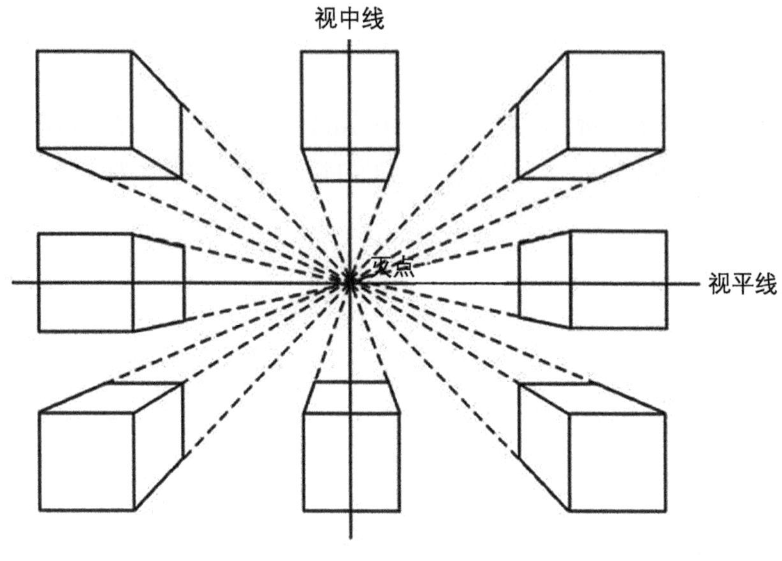

图1-7 一点透视方体练习

1.5.2 视角位移

在日常训练中，可将心点（画者眼睛正对着视平线上的一点）定于纸面中间位置，灭点（两条或多条代表平行线线条向远处地平线伸展直至聚合的一点）定于纸面两端，自行设定物体长宽高后，在纸面上将位于各个空间位置的物体描绘出来，如图1-8。

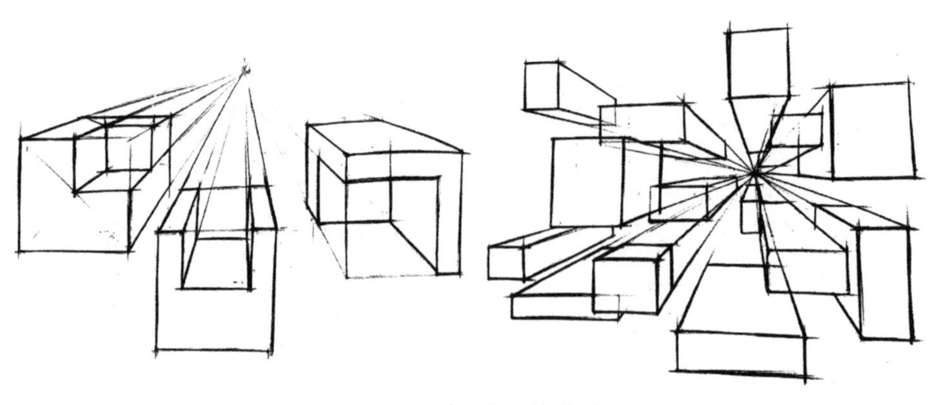

图1-8 一点透视视角位移

在平行透视中，观察者面前的物体主要平行于画面，竖线垂直，没有灭点，绘画时要注意平行透视物体的表现手法，平行透视在产品手绘中的表现如图1-9。

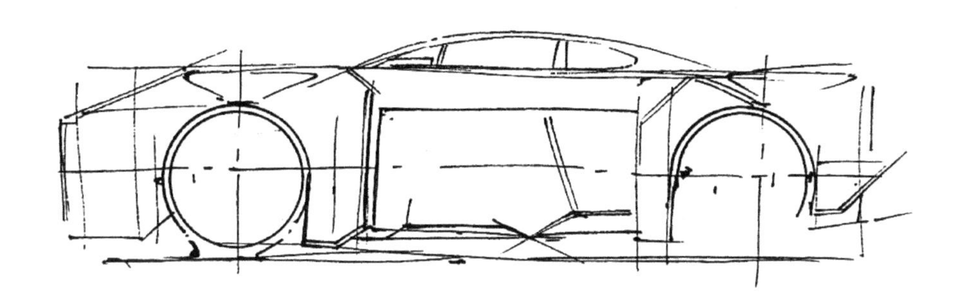

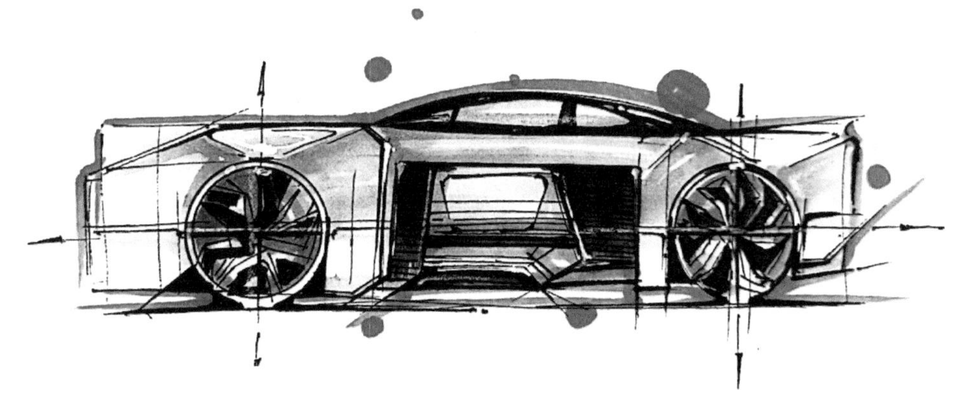

图1-9 平行透视练习

一点透视作图相对较为简单，纵深感强，具有庄重、完整的特点，由于产品手绘大多是单个产品，所以一点透视的运用较多、较常见。

思考与练习

1. 熟悉并掌握一点透视的作图方法。
2. 用一点透视法画出同一空间内多个不同角度的立方体。
3. 选取一个适合的产品造型，并用一点透视法将其表现出来。

1.6 两点透视

1.6.1 方体练习

两点透视又称为成角透视，有两个透视消失点。成角透视是指观者从一个斜摆的角度，而不是从正面的角度来观察目标物。因此观者能看到各物体不同空间上的面块，亦可看到各面块消失在两个不同的消失点。这两个消失点皆在视平线上。

两点透视图画面效果比较饱满，并且可以比较真实地反映物体的形态特征，所以也是手绘效果图中运用较多的一种透视关系。在两点透视中向两个消失点消失的透视距离也叫纵深，穿过心点的一条与视平线垂直的线称为视中线，两点透视中的高度基准线称为真高线，两点透视中通过真高线下端点的一条作为地面基准的水平线，称为测线。

两点透视的常见作图法则：根据两点透视原理，先画一条视平线和方体的一条真高线，然后在视平线上画出vp1、vp2两个点。根据透视原理画出真高线的透视方向线，即分别连接真高线的两个端点（a、b）与vp1、vp2两点。根据两点透视竖线平行原则画出其他透视线。如图1-10。

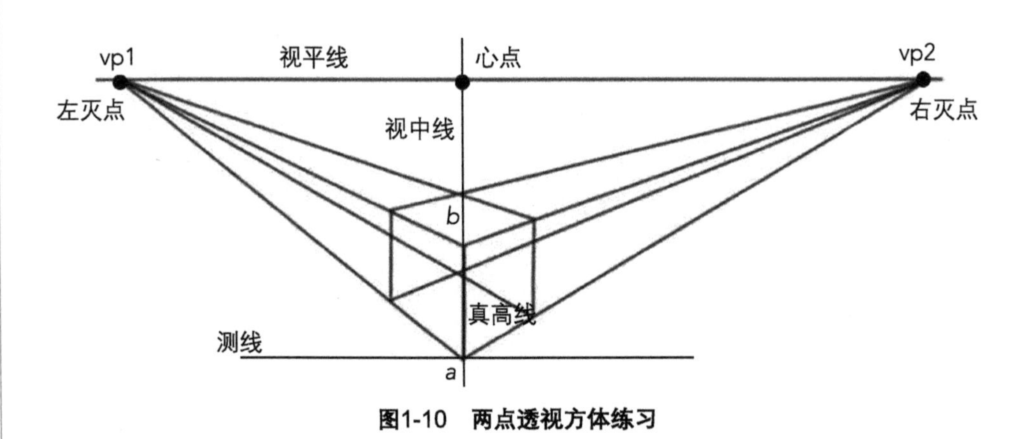

图1-10　两点透视方体练习

1.6.2 视角位移

两点透视的画面效果比较自由、活泼，空间比较接近真实的感受。其缺点是如果角度选择不好易产生变形。两点透视在产品手绘中的表现如图1-11、图1-12。

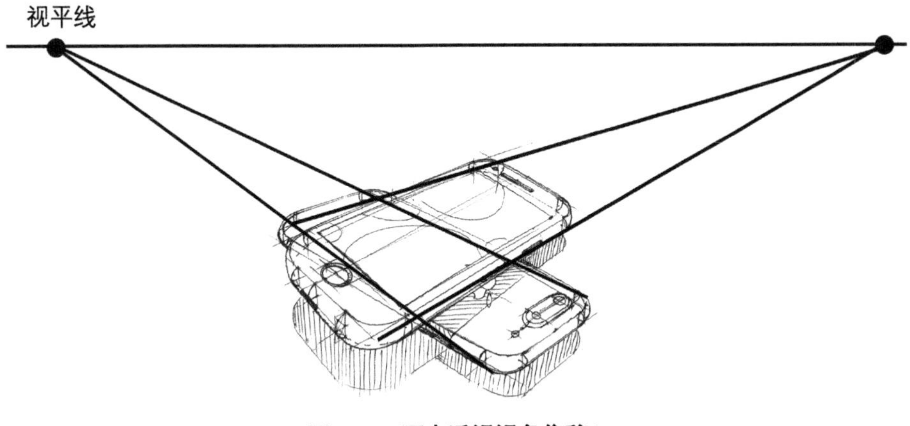

图1-11　两点透视视角位移1

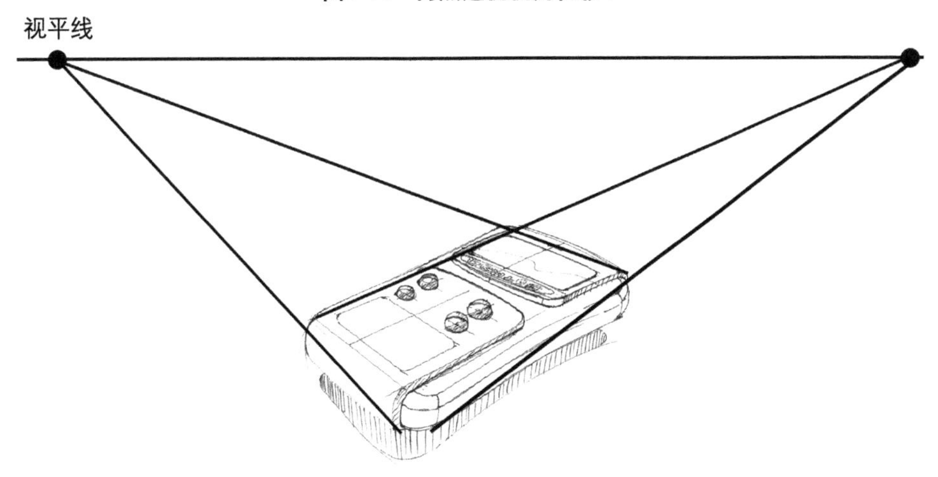

图1-12　两点透视视角位移2

思考与练习

1. 熟悉并掌握两点透视的作图方法。
2. 选取一个适合的产品造型，并用两点透视法将其表现出来。

1.7 三点透视

1.7.1 方体练习

三点透视又称为斜角透视，是在画面中有三个消失点的透视。此种透视的形成，是因为景物没有任何一条边缘或者面块与画面平行，相比于画面，景物是倾斜的。当物体与视线形成角度时，因立体的特性，会呈现往长、宽、高三重空间延伸的块面，并消失于三个不同空间的消失点上，如图1-13。

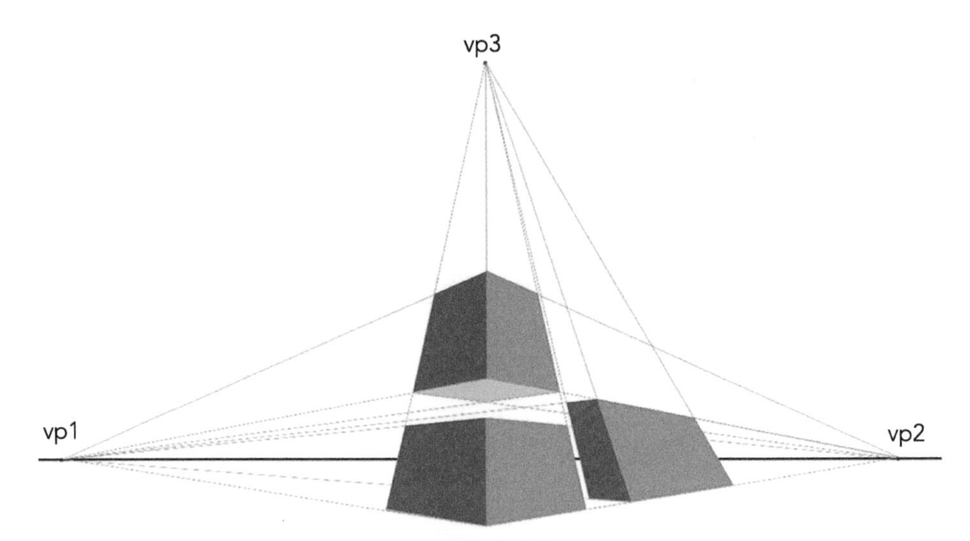

图1-13　三点透视方体练习

图1-14是两个三点透视范例，人的视平线抬得很高，在产品画面展示中显得更加全面。

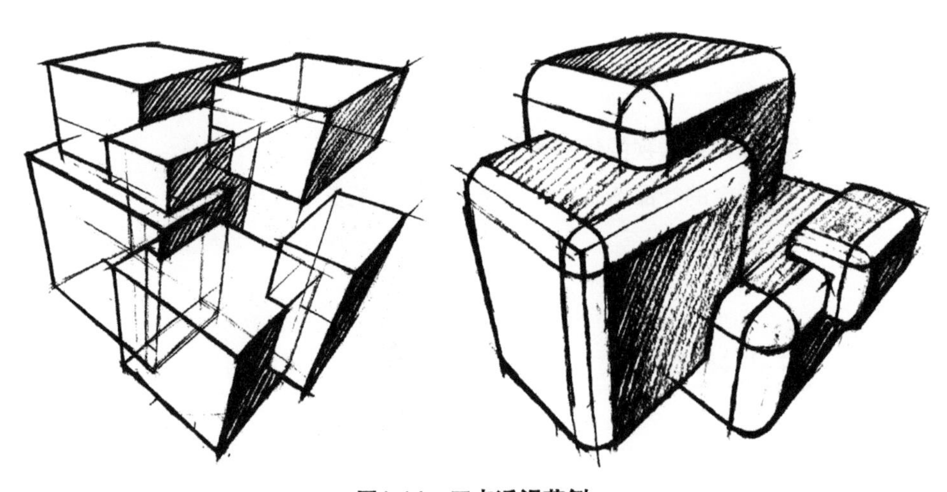

图1-14　三点透视范例

三点透视常见作图法则：

① 由圆的中心A距120° 画三条线，在圆周交点为V_1、V_2、V_3，并定V_1-V_2为H.L.。

② 在A的透视线上任取一点为B。

③ 经过点B作平行线CB平行于H.L.，由中心点A作延长线经C、B两点与平行线H.L.相交，从而得到平行线CB和A-V_1的交点即为CA的透视线，由此可推演出作点C、D至各灭点（V_1-V_2）的透视线得到点E、F，点F为物体透视最高点，如图1-15所示，即完成三点透视作图。

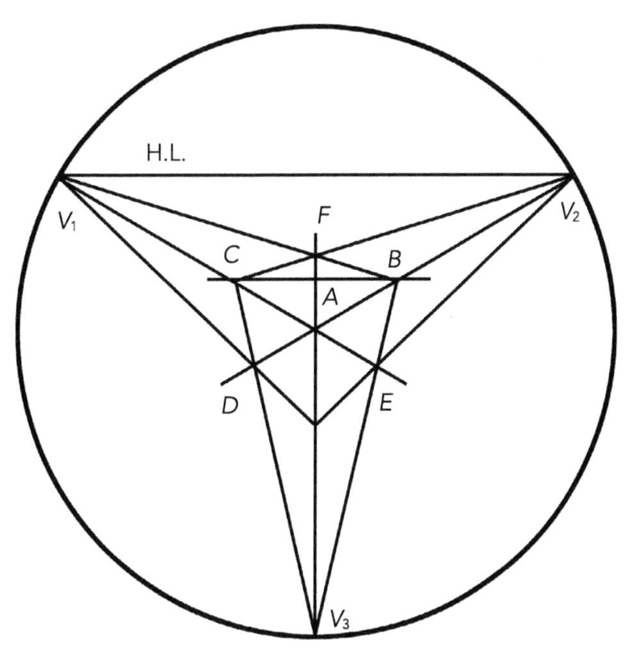

图1-15 三点透视常见作图法则

1.7.2 视角练习

三点透视图画面效果比较自由、活泼，能比较真实地反映空间，可以反映建筑物的正侧两面，容易表现出体积感。另外，三点透视加上较强的明暗对比，物体体感会更强，如图1-16，图1-17所示的三点透视视角练习。

图1-16　三点透视视角练习1

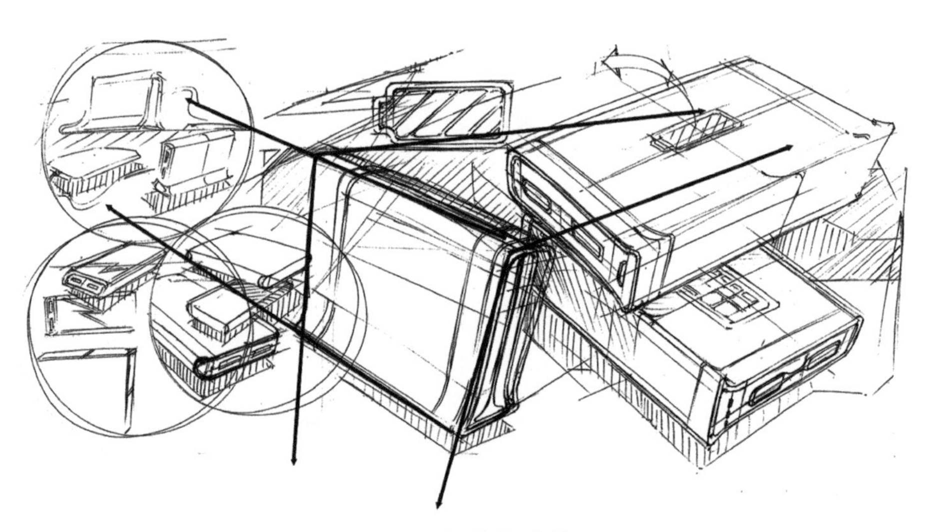

图1-17　三点透视视角练习2

思考与练习

1. 熟悉并掌握三点透视的作图方法。
2. 选取一个适合的产品造型，并用三点透视法将其表现出来。

1.8 鱼眼透视

平行于画面的圆的透视仍为正圆形，只有近大远小的透视变化，垂直于画面的圆的透视形一般为椭圆。它的形状由于远近的原因，远的半圆小，近的半圆大。画透视圆形时，弧线要均匀自然，尤其是两端，垂直于画面的水平圆位于视平线上下时，距离视平线越近越宽，同一个圆心的大小不同的圆，叫作同心圆。

圆在透视中所呈现的形状被默认为椭圆，椭圆的形状随着圆与视平线和主垂直线距离的不同而变化。下面通过圆形碗不同视角的透视讲解圆形透视的变化，视角与视距不同，碗口所呈现的椭圆也不一样，如图1-18。

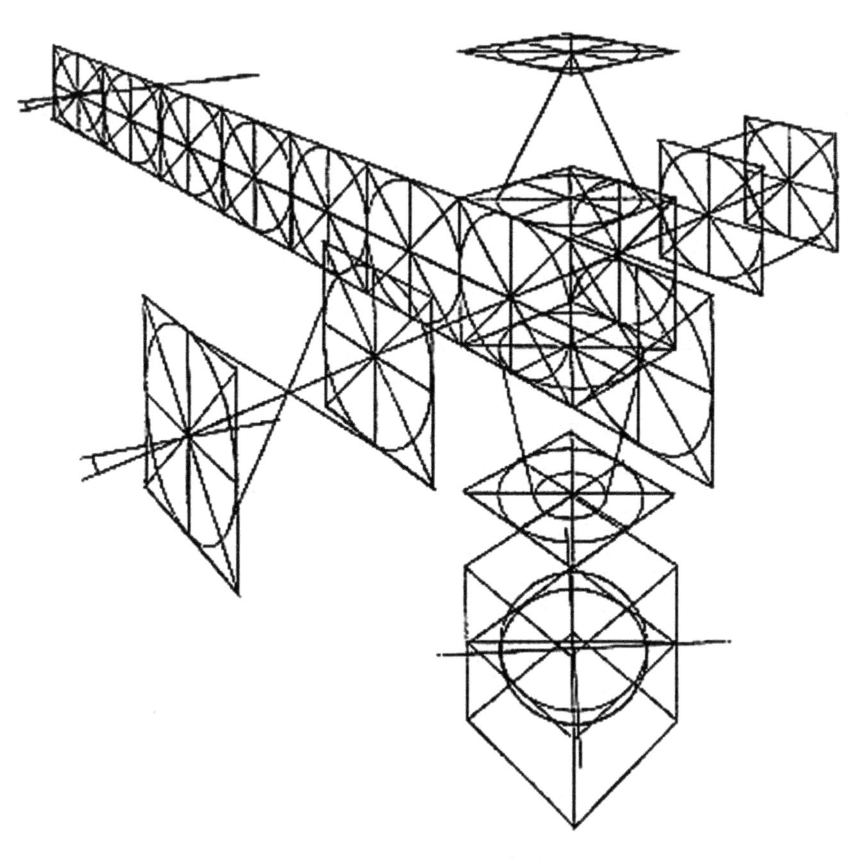

图1-18　鱼眼透视视角练习

鱼眼透视的产品设计应用无须特别精准，但是距离物体越近，弯曲的弧度就要越大。图1-19 ~ 图1-21展现了鱼眼透视的产品效果。如果视线与地面平行，地平线就是平坦的，其上方和下方的平行线都会向这条线弯曲。

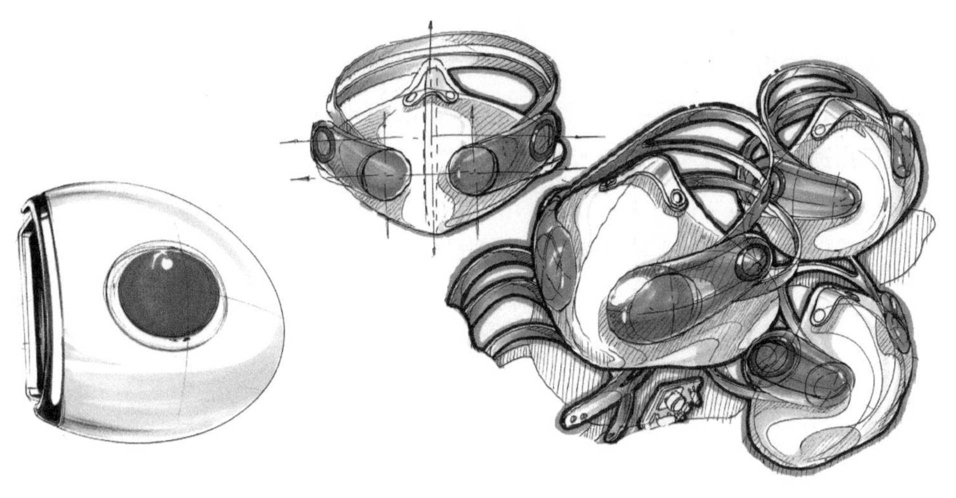

图1-19　鱼眼透视——U盘

图1-20　鱼眼透视——口罩

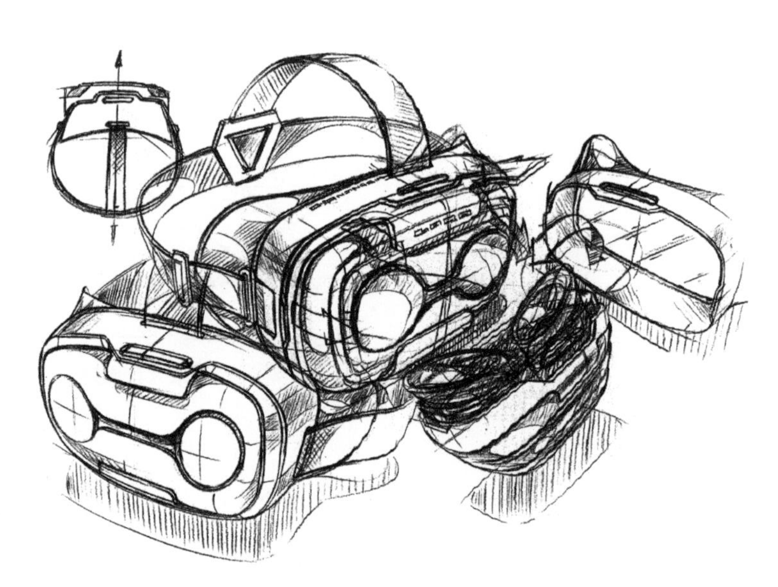

图1-21　鱼眼透视——VR眼镜

1.9 透视产品造型练习

在实际绘画中，表现的主体是产品本身，透视线和其他辅助线并不要求一根不少地保留下来，相反地，过多的线条反而使画面杂乱，影响效果。因此，视平线和灭点大多数情况并不在画面内，没有必要也不可能画出。产品结构一复杂，线条就多，轮廓线、辅助线、结构线、透视线、明暗交界线等，碰到要用两点透视或三点透视来画，各种线条交织在一起，特别容易混淆出错。这个时候思路一定不要乱，一定要理清楚，哪些线条在空间上是平行的，凡是平行的变线，它们透视线的反向延长线一定会交于同一个灭点，如图1-22。

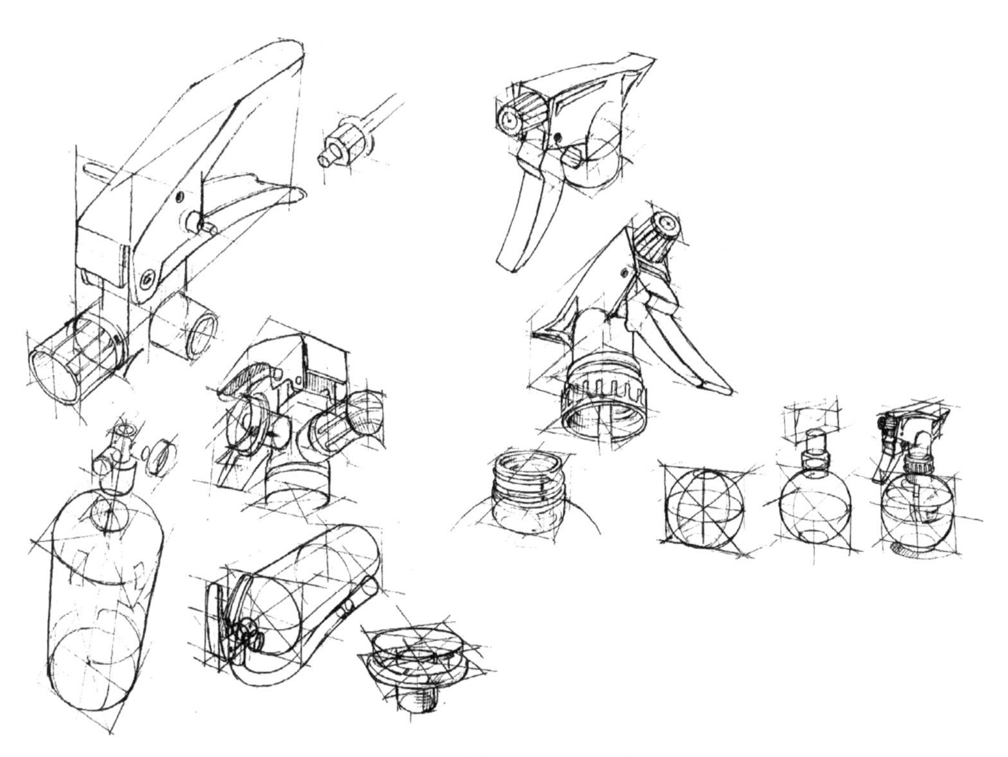

图1-22　素描产品造型透视练习1

透视线准确与否，透视延长线是否最终交于一个点，并不需要去纠结。人脑不是电脑，手绘效果图也不是电脑效果图，不可能做到绝对精准，所以，对待透视准确与否的问题，应该建立在视觉舒服、力求准确的基础上。但要注意，即便是视觉上的舒适感，也是因人而异的，在大量的练习之后，是可以做到对透视敏感，细微的偏差也能感觉得到的。只有对透视原理滚瓜烂熟，对产品结构了如指掌，方能使眼力又准又狠，一针见血，如图1-23。

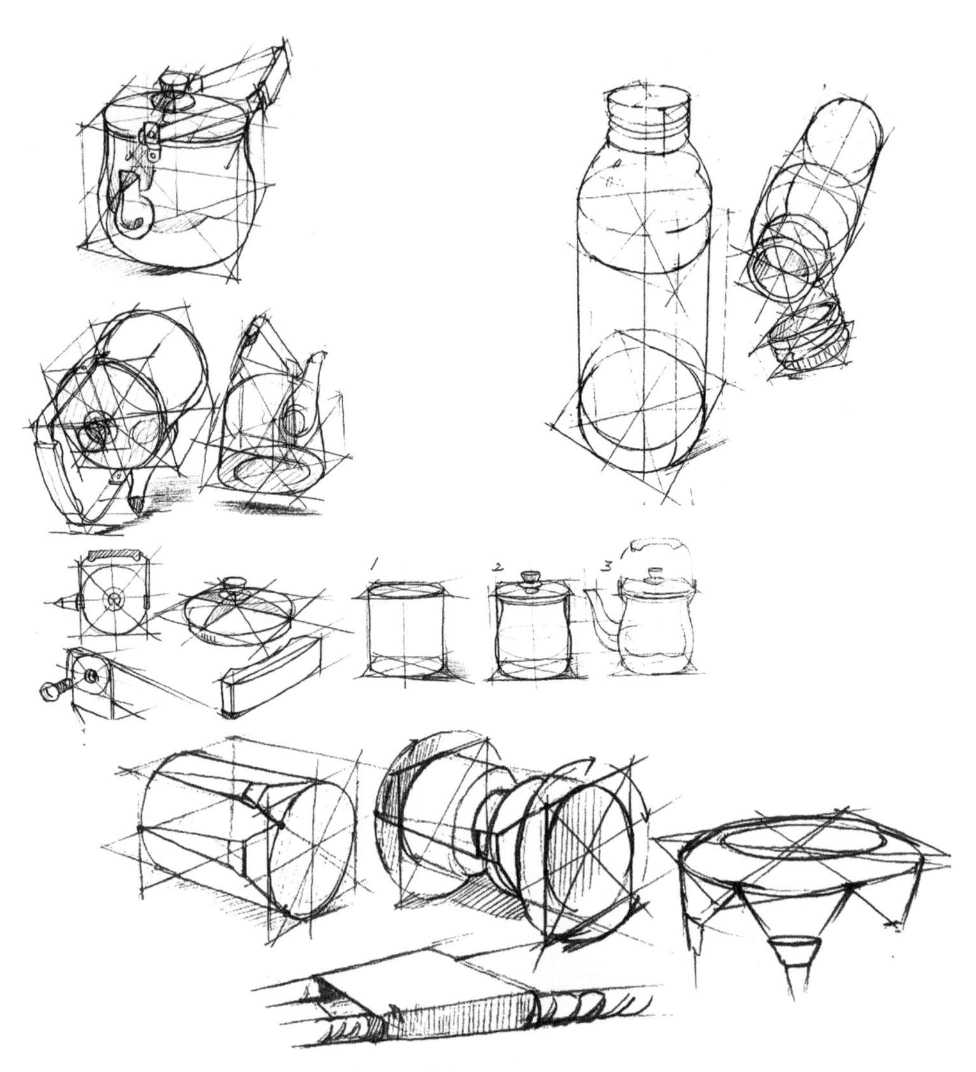

图1-23　素描产品造型透视练习2

透视图可以让我们在一张图内同时看到产品的多个面（因而三维视图只能表现一个面），要完整和全面得多，也更符合我们生活当中接触物品时的主观视角，故而画面效果更亲切。但是，由于透视会产生产品形态的变形，严重地造成比例失调、产品失真，容易给信息的传达造成偏差。所以，三视图和透视图都有各自擅长表现的部分，也都有不足，作为设计师，应该学会熟练运用这两种视图的表现方法，并能够做到自由转换，特别是根据产品三视图，能够画出不同角度的产品透视图，这是作为一个设计师应该具备的基本技能之一，也是产品设计形体推演中不可或缺的一项本领。如图1-24～图1-27所示。

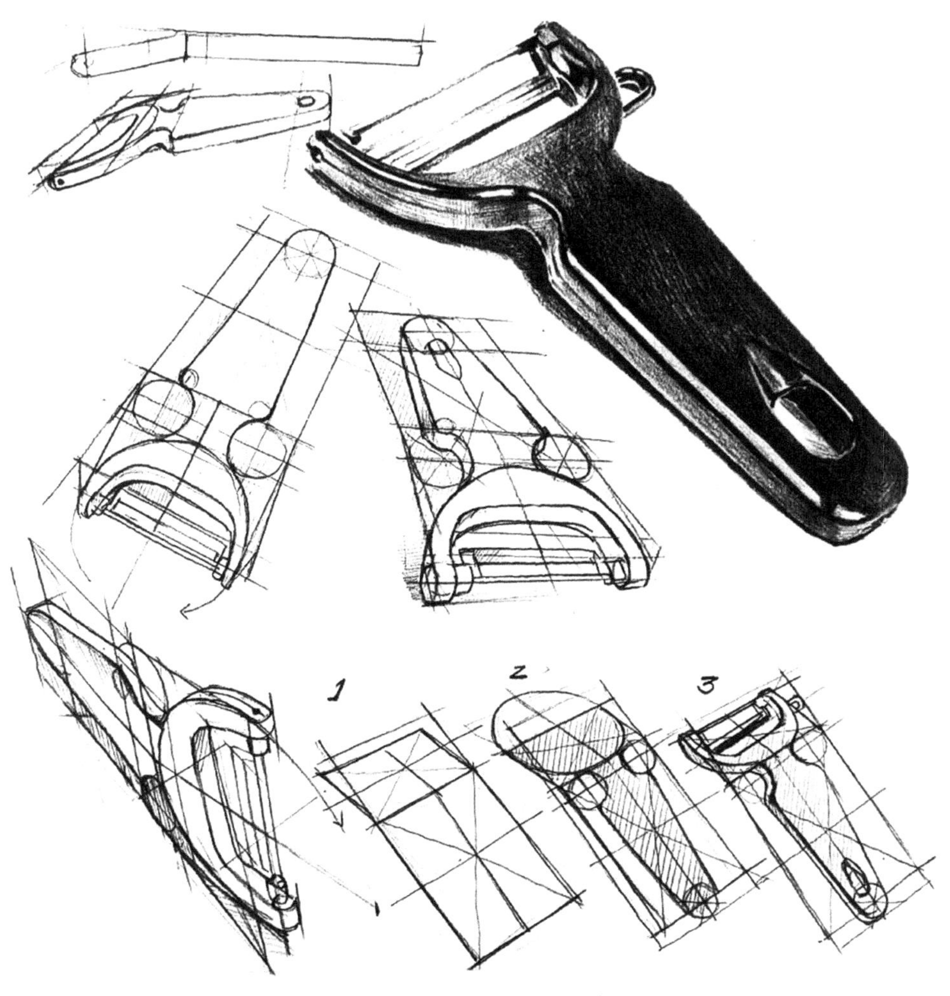

图1-24　素描产品造型透视练习3

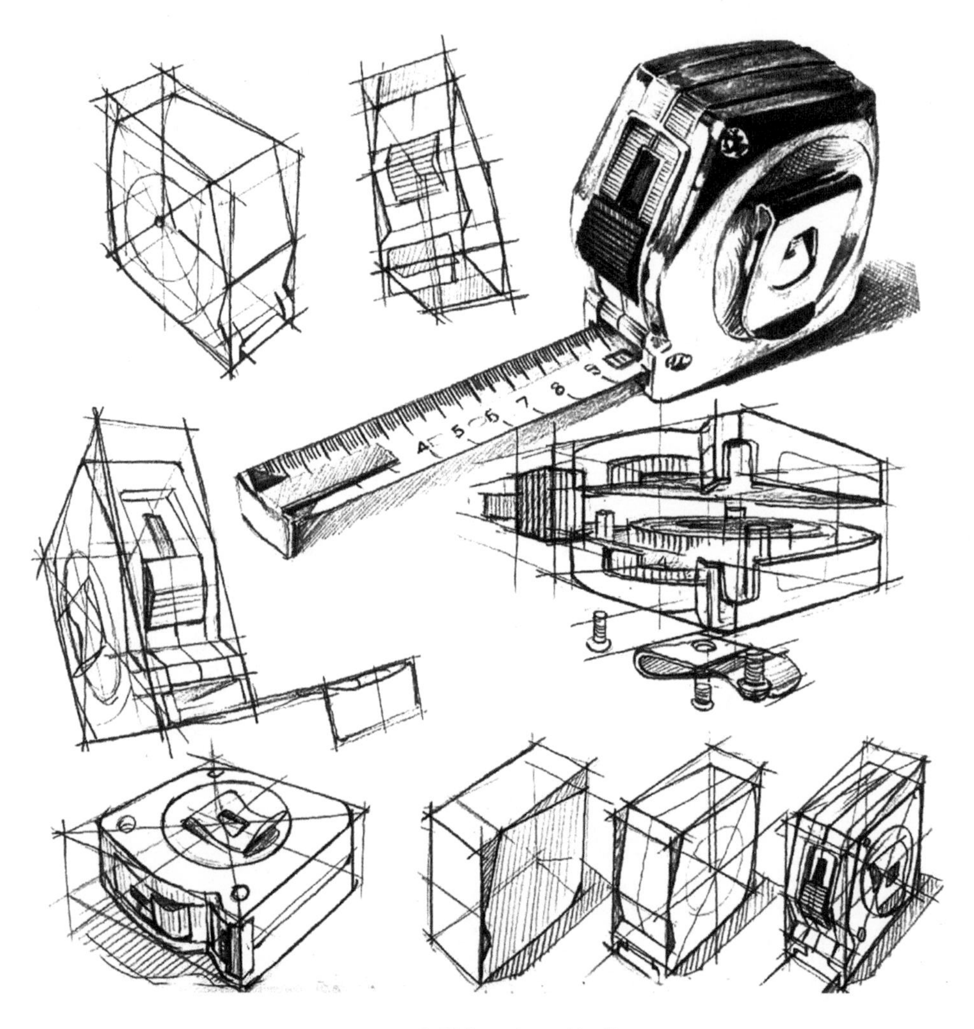

图1-25　素描产品造型透视练习4

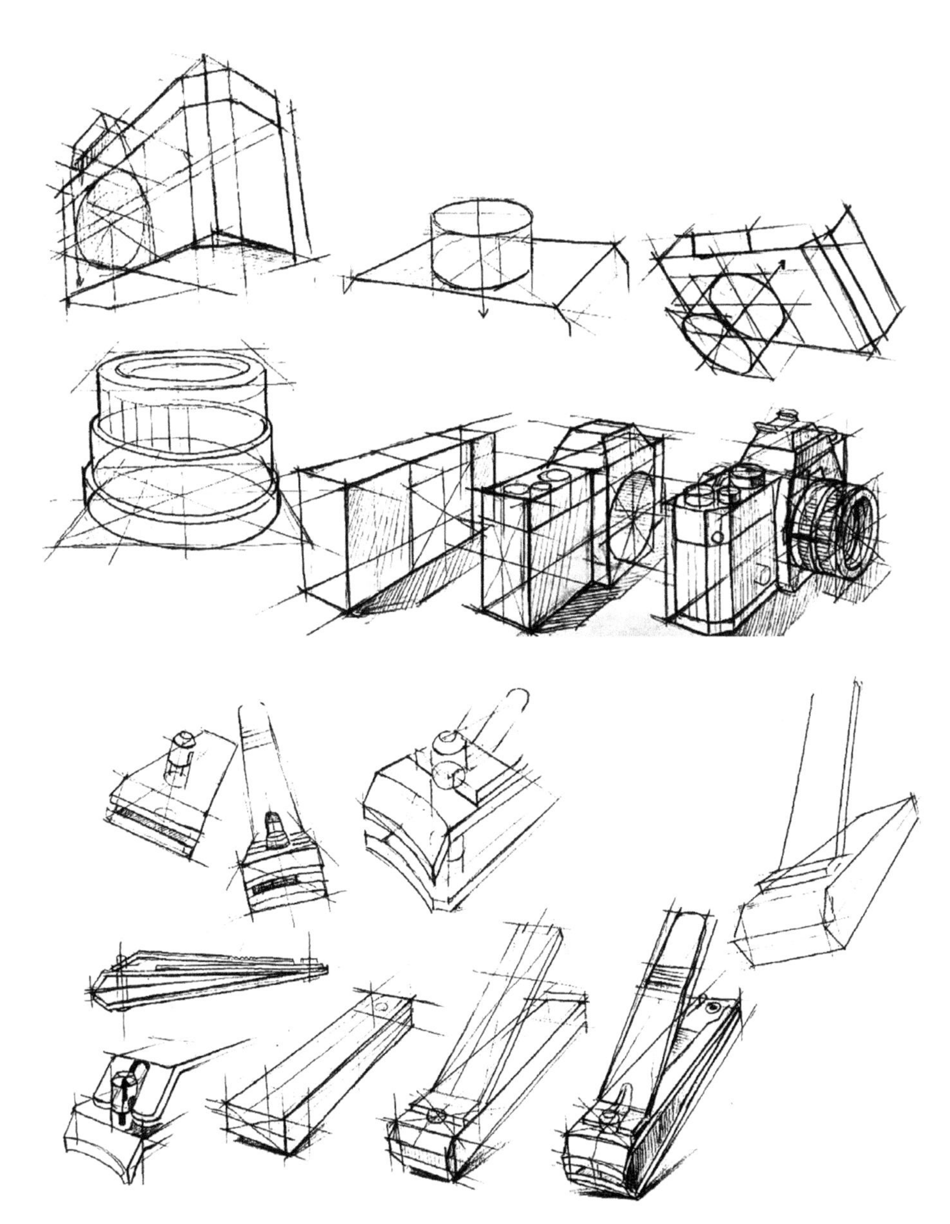

图1-26　素描产品造型透视练习5

图1-27　素描产品造型透视练习6

思考与练习

1. 熟悉并掌握一点透视、两点透视、三点透视、鱼眼透视的基本原理和作图方法。
2. 选取一个适合的产品造型，分别用四种透视方法将其表现出来。
3. 以某产品的三视图作为素材依据，根据其结构比例默画出该产品的透视效果图。

第2章

产品设计赋色

2.1 各类材质的表现

2.1.1 材质介绍

材质，是指物体看起来是什么质地。材质可以看成是材料和质感的结合。材质也是表面各可视属性的结合，这些可视属性是指表面的色彩、纹理、光滑度、透明度、反射率、折射率、发光度等。正是有了这些属性，才能让我们识别三维中的产品是什么做成的，也就有了模型的材质质感。

那么材质的表现最重要的影响因素是什么呢？是光，离开光，材质是无法体现的。举例来说，借助夜晚微弱的天空光，我们往往很难分辨产品的材质，而在正常的照明条件下，如图2-1，则很容易分辨。另外，在彩色光源的照射下，我们也很难分辨产品固有色，在白色光源的照射下则很容易。这种情况表明了产品的材质与光的微妙关系。

图2-1　光照下的产品质感

因此，在我们产品的上色过程中，要先分析其材质特点，同时借用光源对其的影响，才能够准确把握产品的质感表现。

接下来为大家介绍几种常见材质的特点及上色方法。

2.1.2 塑料材质

大多数塑料有质轻、成型性易、着色性好、加工成本低等特点，这使得塑料成为我们生活中最常见的材质。因此，塑料材质是我们产品上色中必须学习的一种。

如图2-2，塑料给人的视觉感受较温和，但其高光强烈，反光较金属偏弱。中部因反光色会比边缘颜色浅。其光源原理是光照和环境会同步影响作用于产品，会使得明暗对比增强，同时呈现出明显点状、线状、带状高光等。

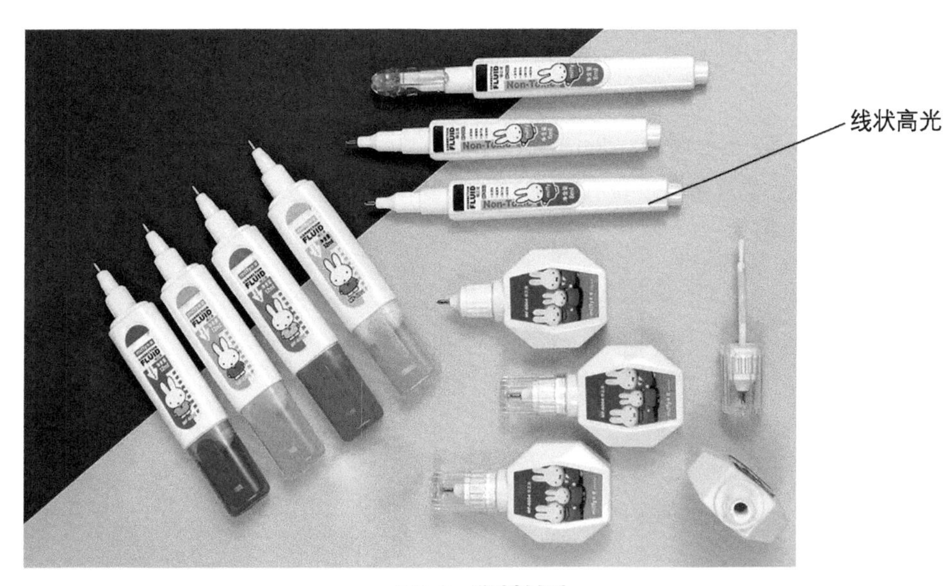

图2-2　塑料材质

因此我们在绘制过程中，如图2-3，要对高光、反光部分进行留白，同时高光、反光需用高光笔加强对比，明暗交界线需要增强，同时表现出环境与产品本身轻微的相互反射效果。

图2-3　塑料材质表现

如图2-4，在选色时，尽量使用纯度较高的色彩，在交界线过渡时要自然协调，层次分明，高光部分要留有余地。

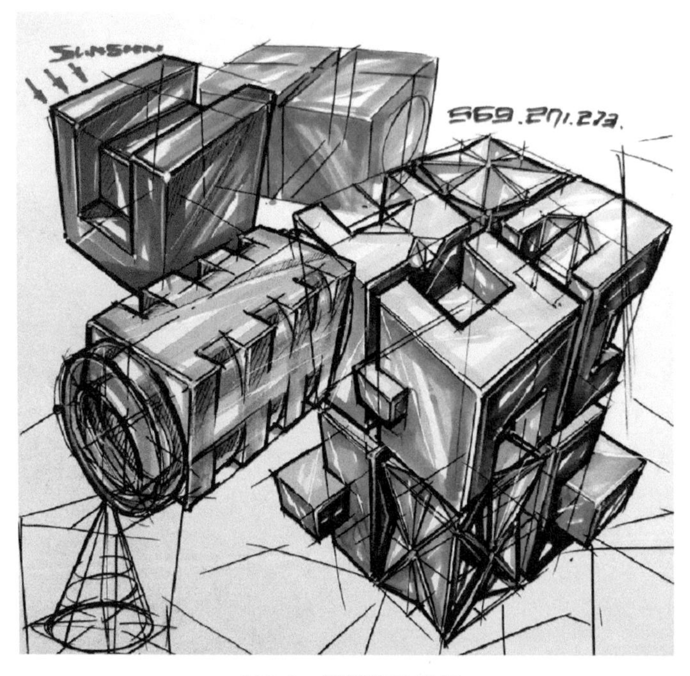

图2-4　塑料颜色选择

2.1.3 液体材质

液体在我们生活中是普遍存在的，如图2-5，其光源特点就是高反光率、高折射率。其高光强烈，明暗对比较强，对周围环境色具有较强的反光效果，同时也会对光源产生一定的折射效果。

图2-5　液体材质

我们常见的液体一般处于容器以内，且液体材质固有色形式较多。如杯子内的透明纯净水、咖啡机里的棕色咖啡等。因此，我们在液体材质表现过程中，需要先分析容器材质，再进行液体材质的表达。

如图2-6，进行液体材质的素描表现，通过分析光影影响，来为上色进行铺垫。

如图2-7，进行液体材质的上色。过程中，注意光源对其的影响，确定其暗面，对高光部分大面积留白；随后进行明暗交界线的加强，笔触跟着形体转折进行，同时对暗部的处理过渡自然，对环境的反光要强烈表现。

对液体材质反光部分要虚实变化，注意容器材质对其的影响，层次要分明，前后虚实要有度。对水珠的结构要虚实处理，勿画僵硬、呆板。

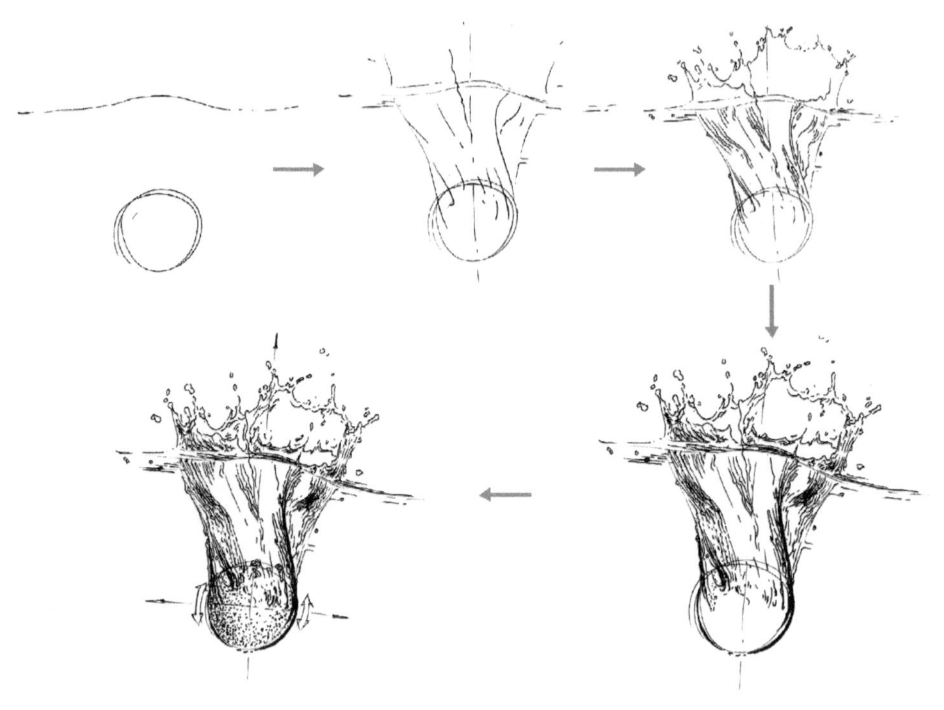

图2-6 液体素描表现

图2-7 水袋液体材质表现

2.1.4 大理石材质

大理石材质是一种较为普遍的材质。因其质感、美观、坚硬而被称道。其特征是具有较低的反光，如图2-8，不同的大理石会有不同的纹理和纹路，我们在分析其材质特征之时，要抓准它的光学特征和脉络。

图2-8　大理石材质

如图2-9，在大理石材质的上色表现中，要注意其反光较亮，需加入对应的环境色；笔触要果断有力，表达出坚硬的质感；高光一般点于亮暗转折，主高光一般位于暗面或明暗交界线，其他均为反光。暗部的处理要疏密有度、虚实分明，反光部分可适当夸张处理。

针对不同的纹理脉络，要进行不同的装饰，但要保证固有纹理不可与亮灰暗三个块面冲突。

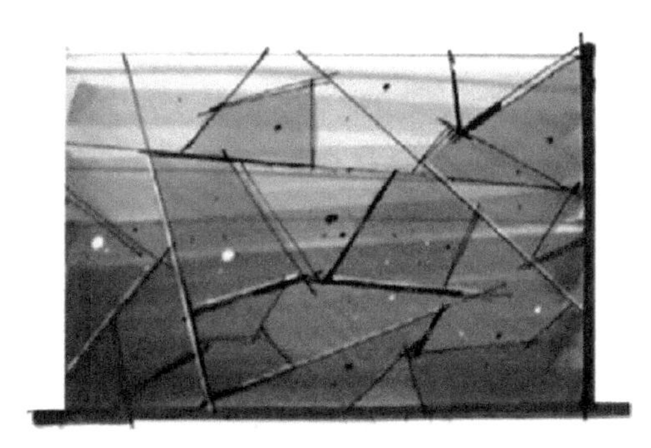
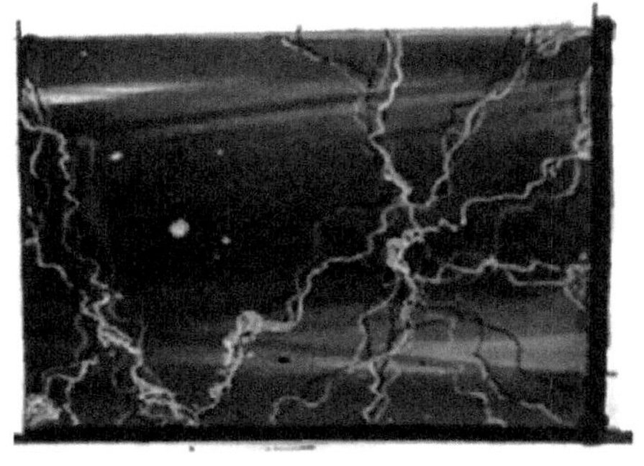

图2-9　大理石材质表现

2.1.5 皮革材质

如图2-10，皮革是由天然蛋白质纤维在三维空间紧密编织构成的，其表面有一种特殊的粒面层，具有自然的粒纹和光泽，手感舒适。我们在表现这种材质时，需要抓住这种特征，才能很好表达出皮革的质感。

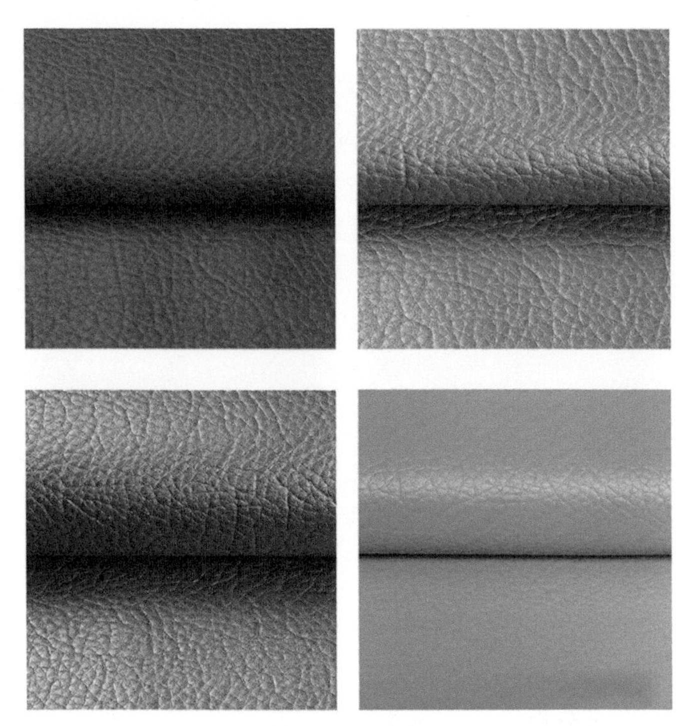

图2-10　皮革材质

大部分皮革是有其纹理的，不同的光源会对纹理产生不一样的反光，这种光泽度较为平缓，光滑的皮革是具有较强的高光效果，粗糙的皮革高光较为弱，主要表现为橘皮纹路质感。

如图2-11，我们在皮革材质的上色过程中，不需画很强的明暗关系，明暗对

图2-11　皮革材质表现

比越弱，材质的柔韧性越明显。在运笔过程中要铿锵有力，沿着结构线进行，注意深浅颜色的叠加，对其固有色要自然融入，暗部要虚实结合。根据其光滑程度进行反光和高光的处理，越光滑，反光与高光越亮，反之，则越暗。

在整体上色完成后，要对其纹理进行装饰，处理好明暗关系的对比。

皮革在产品中通常与缝纫线相结合，对此，我们只需进行简单暗部处理即可。

2.1.6 金属材质

金属在生活中是常用的材质。金属中的不锈钢材质在产品应用中是非常广泛的。如图2-12，金属因其加工工艺使得其材质反光强烈，高光强烈，对比度高，同时环境对其影响很大。

如图2-13，金属材质在进行上色的过程中，要注意其反光、高对比的显著特点。比如不锈钢材质在表现的过程中，要对亮部和暗部进行拉开，中部层次分明，对有环境色的状况要给予强烈的反射效果，可以在强光等环境下扩大对比。

图2-12 金属材质

图2-13 金属材质表现1

如图2-14，金属光泽度较强，要注意明显的高光留白，多加强调明暗交界线的区域。在选色方面，我们一般选用冷色系进行上色，冷色系会增强金属材质的坚硬等特性，达到更好的画面效果。

图2-14　金属材质表现2

2.1.7 透明材质

透明材质一般适用于玻璃和透明塑料。透明材质在不同光源的照射下，会产生不同的折射、反光效果。

如图2-15，透明材质一般有几个主要的特征：透明性、高折射和高反射。透

图2-15　透明材质

明材质在环境色以及反光的影响下会更加有质感。所以我们在表现透明材质时也要给予这几种要素，以便提高整体的画面效果。

同时注意其折射投影效果要有适合的错位和比例大小变换。

如图2-16，在透明材质上色的过程中，明暗对比要强烈，轮廓以及形体转折处要重点刻画。在有液体时，先画内部液体，内外光影保持一致。

图2-16 透明材质表现1

如图2-17，透明材质的高光部分极其重要，要给予大量余地留白，最后需用高光笔去表达光源及环境色所产生折射白色光晕，使得透明材质更加明亮、写实。

图2-17 透明材质表现2

透明材质在表达的过程中，还要注意背景色的应用。在选色方面一般采用冷色系，这样会更好地表达出其特征。需要强调的一点是，透明材质内部的色调需要比外部结构的色调淡。

笔触要随着形体渐变，内外光影保持一致，除明暗交界线进行加强外，灰部要自然柔和，虚实变化要有节奏感。

2.1.8 木纹材质

木纹材质是一种温和、自然、环保的材质，在产品设计中应用越来越广泛。如图2-18，木纹材质拥有较为柔和的反光，同时明暗对比较为平和，没有明显高光部分。其最大特点是具有很多种类的纹理，抓住这一特点，我们可以很快地表达出木纹材质质感。

图2-18　木纹材质

如图2-19，在表现木纹材质的时候要先把产品的光影表达清楚，分出亮灰暗三大面，然后在此基础上描绘木纹纹理走向。从木纹不同的截面、不同结构、不同形状等，我们也可得到不同的纹路变化，要学会绘制时跟着结构去转变。

在进行木纹材质上色时，既要表现出木纹纹理，又不能把纹理画得太过，一般先画底色再勾勒纹理。注意纹理整体应自然协调。

在选色方面，颜色最好选用接近木头颜色的土黄色、棕色、深棕色等，不要选择纯度过高、过艳的颜色。

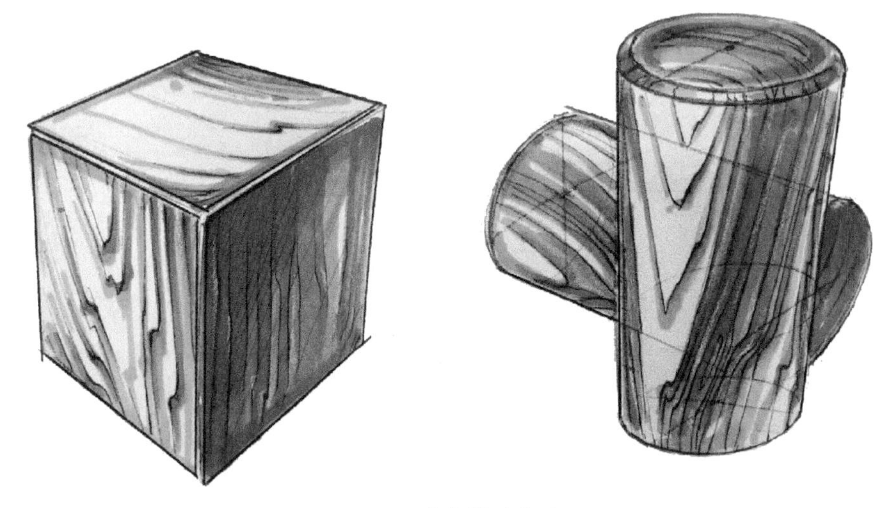

图2-19　木纹材质表现1

如图2-20，在木纹材质的上色中，笔触要达到平整，用色要均匀，在与其他材质结合时，要特点清晰，做好两者的过渡与衔接。

图2-20　木纹材质表现2

2.1.9 橡胶材质

橡胶材质广泛应用于工业或生活各方面。如图2-21，橡胶材质的特点就是质地柔软，柔韧性强，高光、反光都不明显，明暗对比偏弱，我们在上色过程中把握好这一点，就可以很好地表达出橡胶材质的质感。

图2-21 橡胶材质

如图2-22，在表现橡胶材质时，先分析出亮灰暗面，亮面受光影影响有略微的高光，同时会受主体材质色影响。在进行上色时，要减弱亮灰暗部的对比，塑

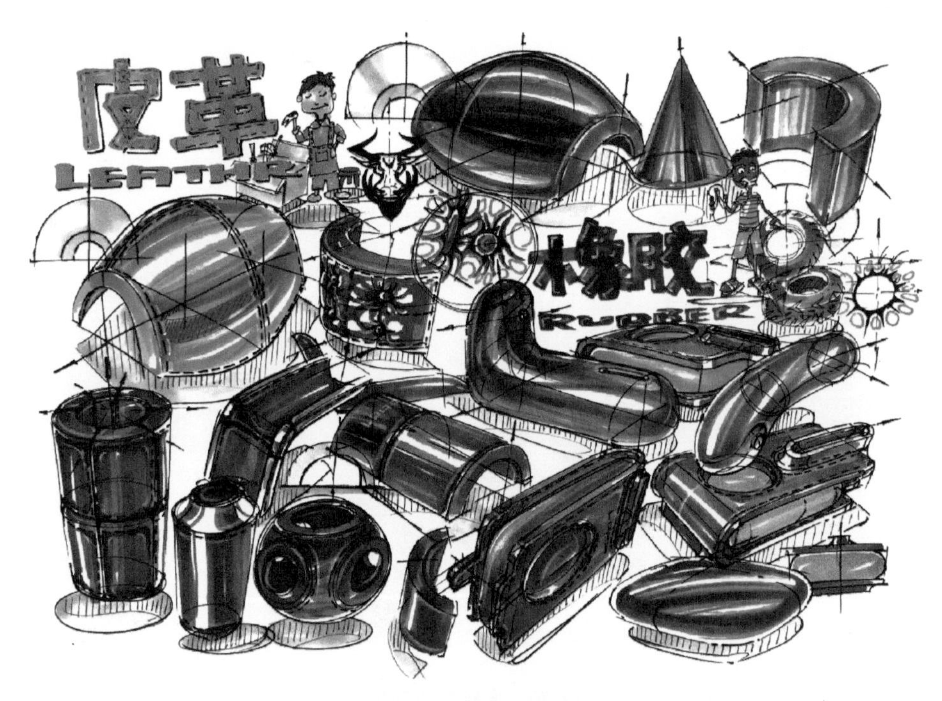

图2-22 橡胶材质表现

造出粗糙感。

在运笔的过程中，笔触要沿着产品的结构线走，注意起折转幅。

在选色方面，因橡胶大多应用于受力部位，所以尽量选用深色或者灰色，使得产品可以耐磨、实用。

橡胶材质一般会与金属或者皮革材质进行组合，在处理各类关系时要抓准各材质的特征，明暗关系对比要准确，光影要符合实际，这样能提高整体的画面感。

我们在这一章节进行了各种材质在现实生活中的特点分析，然后在此基础上进行了上色的练习。把握好每个材质的亮灰暗面关系、高光区域的留白、环境色的影响、形体的转折、轮廓线的虚实、画面的协调统一等，是我们在今后学习中必须要更加注意的。

如图2-23，材质表现是产品设计手绘的基本功，我们在详尽的解析学习后，更需要做的是大量的练习，或临摹、或写生。但在每次上色完成后，都需要按照每个材质的特点进行分析，是否抓准了材质的质感特性。我们只有在练习中加入思考，材质的表现能力才会最大限度地提高。

图2-23　综合材质练习

同时，产品结构和用途不同，需要的材质就不同，合理且准确地运用材质表现，会让产品的表现力与质感形象生动，对产品的特点以及结构有较为清晰的认知，也会在产品生产的其他环节打下坚实的基础。

思考与练习

1. 熟悉并掌握各类材质的表现特征和表现技法。
2. 在草稿纸上进行各类材质的练习。

2.2 简单产品上色

2.2.1 平涂上色

平涂上色法是在手绘产品上色中最常用的绘画技法之一，它的特点是简便易学，效果出彩。平涂上色法采用每块颜色均匀平涂的方法。

平涂上色法笔触可分为勾线平涂和扫笔平涂。

如图2-24，勾线平涂指的是在均匀排线末尾略作停顿后进行顺带回笔，多用于金属等材质明暗交界线处，避免明暗交界线刻画过于死板。

如图2-25，扫笔平涂是指在均匀平涂的过程中，由重到轻收笔，运笔要一气呵成，流畅连贯，多用于产品整体上色，其特点是可以加强虚实变化，表现出颜色的透气性，突出整体块面的效果。

图2-24　勾线平涂

图2-25　扫笔平涂

在平涂的过程中，可根据需要适当留白，产生一种光感。色块之上，还可以叠加如点、线等的装饰，增强装饰性。

在平涂上色的过程中，我们不得不需要注意对光源以及光影的分析。分析光源与光影，对产品所表达的质感有重要的影响，可以有效反映出产品的形体姿态。

如图2-26，光影的产生需要确定光源。光源很大程度上决定了产品的亮灰暗面以及高光、明暗交界线、反光和投影。不同的光源对产品会产生不同的变化。在后续的产品上色过程中，我们也会重点分析光源对其产生的影响以及所表达的效果。

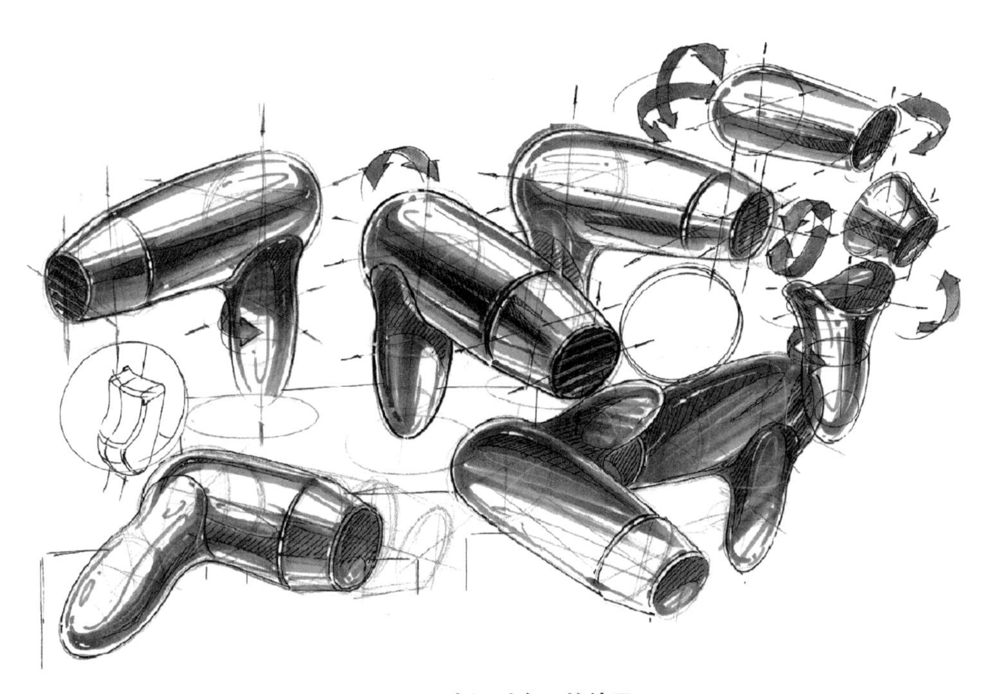

图2-26　光源对产品的效果

2.2.2 笔触叠加

笔触叠加是马克笔工具润色产品效果图的基础方法，其原理是运用层叠的方式逐步润色，这也是由马克笔的特殊性所决定的。马克笔颜色画在纸面上不容易修改，所以通常情况下建议上色时由轻往重叠加式润色，上色时需先浅后深，逐渐画出所需要的产品效果。要学好马克笔产品效果图，熟练控制马克笔上色时的用笔、马克笔笔触叠加技巧和运笔方法是重点需要学习掌握的知识。

如图2-27所示为马克笔笔触单色叠加效果。同一冷灰色系、暖灰色系马克笔笔触反复叠加，可以表现出产品上面比较细腻的颜色过渡层次变化，马克笔笔触叠加的层次越多，颜色就越深，但不要只是停留在理论上面，实际表现过程中，因为反复叠加的次数多了颜色容易变脏，而且不透明。

图2-27　单色叠加效果

如图2-28，马克笔笔触多种颜色的叠加，就是两种或者两种以上的颜色重复叠加，会产生间色，可以增加画面丰富的色彩变化，不过颜色的种类不宜过多，如果颜色太多会产生色彩花哨的感觉。多种颜色的马克笔笔触叠加渐变，运用不同色系颜色的马克笔笔触叠加来表现产品效果图也是常用的上色表现方法之一。

图2-28　多种颜色叠加

除了颜色种类不宜过多，还有一点要记住，就是在绘制之前，要提前考虑好颜色的搭配，只有事先配好颜色，才可以进行后面的上色，不是任何两种或者多种不同的颜色都能够叠加在一起的，有的颜色搭配起来不协调，有的颜色放在一起看起来比较协调，上色渲染时从浅色开始画，逐步过渡，注意运笔时的时间控制。

大部分同学在使用马克笔时都会出现沁色、画出框、颜色过渡不自然、笔触感太强等问题，所以我们在上色的过程中要注意下面一些问题：

① 马克笔在偏薄的纸张上都会出现沁色的问题，如果使用的纸张太薄可以在纸下使用防污垫板，防止颜色过度渗透；上色时尽量让颜色干后再叠色，也可缓解沁色的问题。

② 马克笔在上色时容易画出框是因为颜料中含有酒精，酒精挥发的过程中颜色会向周围扩散，所以我们在使用马克笔的时候不要把颜色涂得太满，需留出一点空隙。

③ 颜色过渡不自然和笔触感太强是因为大家上色时多是一条一条地铺色，塑造明暗时颜色色差太大，过渡就显得比较突然。

④ 在工业设计手绘中，不同种类的马克笔笔头宽窄度不一样，笔头直径不一样会对笔触有一定影响。马克笔的新旧程度直接影响笔头出水量，出水量多的马克笔和出水量少的马克笔画出的笔触感觉自然也是不一样的。

2.2.3 立方体上色

如图2-29，进行立方体类的平涂上色分析。首先，分析光源为左前方，确定了投影的方向以及亮面、灰面和暗面。在此基础上进行上色过程中，运用扫笔笔触，跟着造型行笔，抓住产品特征；注意明暗交界线的虚实与轻重变化。

图2-29　立方体平涂上色

如图2-30，在方体起形后，进行一个魔方平涂上色的练习。平涂上色过程中，先分析光源的方向，确定亮面、灰面和暗面。

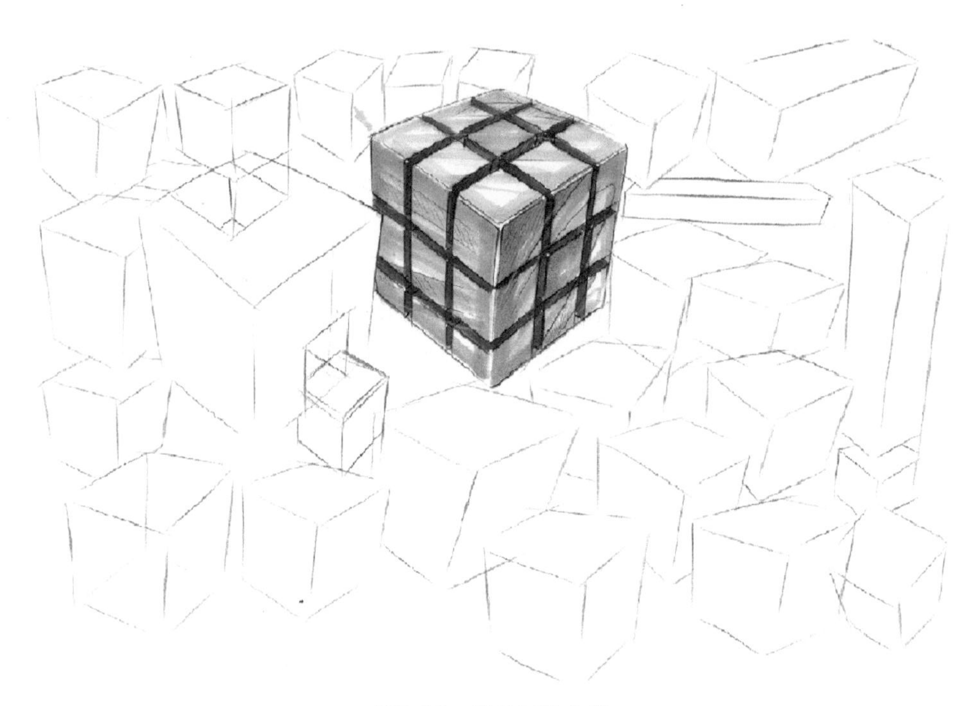

图2-30　魔方平涂上色

魔方材质为塑料，因此使用颜色偏浅的法卡勒267号、268号、269号进行上色。在运笔过程中，使用扫笔的上色方法，沿着结构线行笔，注意轮廓线的加重；根据产品特征进行结构的穿插，明暗分界线加重处理。同时，要注意在亮面上色过程中，高光的留白，保证其透气性与对比度。

每个方块之间缝隙是明度最低的部分，需要使用重色进行区分，同时要特别注意行笔的虚实变化与疏密节奏，否则容易使得产品内部空间不通畅。

如图2-31，进行一个冰箱细节部分上色的练习。使用扫笔的笔触进行上色，过程中要注意三角形的透视关系，根据形体进行运笔；在行笔过程中注意轮廓线的收形以及疏密的变化。

在进行按钮等小部件上色时，要沿着结构线以及明暗交界线运笔。注意球体的转折变化，同时要留出高光，加强材质的塑造。

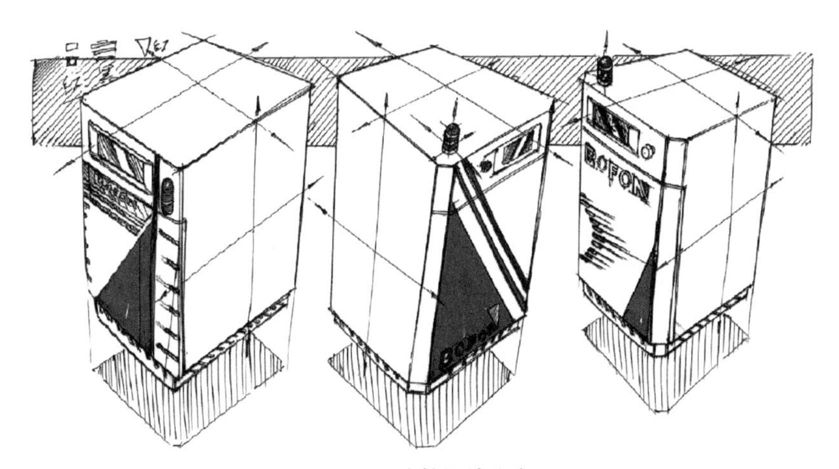

图2-31　冰箱平涂上色

如图2-32，进行口香糖盒上色分析。在上色过程中，分析光源方向，确定产品的明暗交界线以及投影。产品为不锈钢金属材质，其特点是具有强烈的反光。根据其方体形体特征，使用扫笔进行明暗交界线的处理，这样可以使交界线虚实变化强烈、清爽。

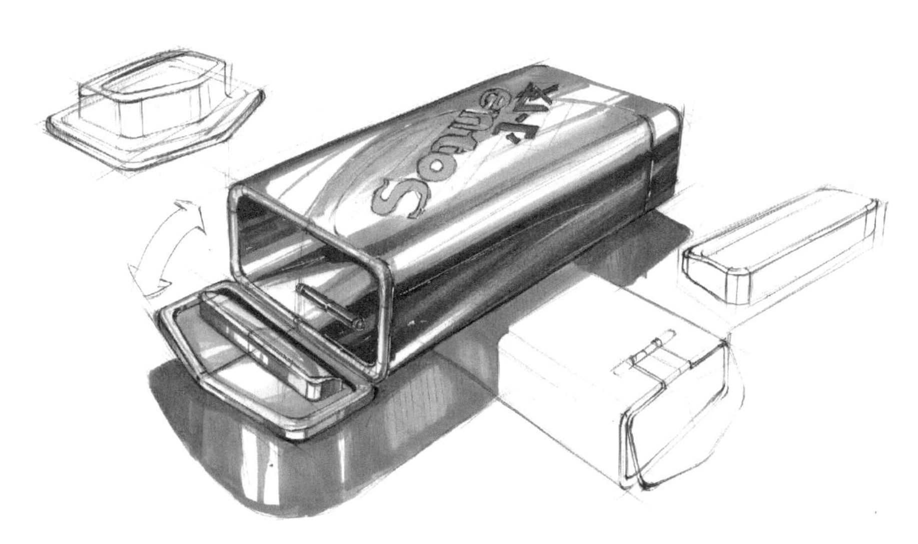

图2-32　口香糖盒上色

在亮面的上色中，要认真观察其高光部分，上色时要使用较浅颜色进行扫笔。在产品内部上色时，要注意光源对其的影响、行笔的疏密变化，以及节奏的把控。

如图2-33，进行录音机的平涂上色。观察光源，确定亮灰暗面后，分析材质为金属。采用勾线的方式处理暗面。暗面块面先使用浅色铺色，重色用来表达形体转折以及轮廓线。

在塑料按钮的上色中，注意高光部分的留白，重点处理深浅两个固有色的关系，最后进行暗部加深处理，形成明暗对比和虚实对比。

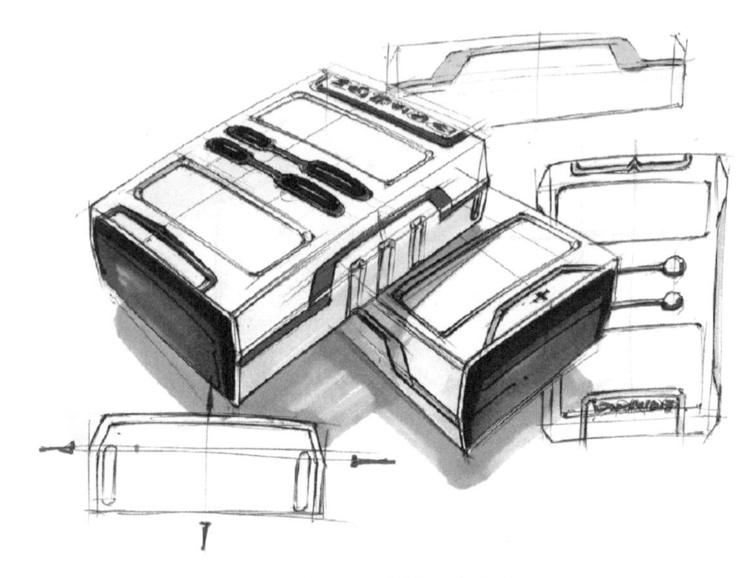

图2-33　录音机平涂上色

如图2-34，进行橡胶箱子的上色。观察光源后确定三个面。橡胶材质特点是具有一定的柔韧性，所以在表现其光影时减弱明暗对比，会给人以柔软舒适的感觉，上色通常会选择暖色系进行表达。采用法卡勒暖色265号～268号进行上色。

图2-34　橡胶箱上色

因其固有色明度较低，所以要特别注意三个面的虚实区分以及透气性的表达。采用勾线的笔触进行块面的处理。若要加强立体感，就要处理好产品的高光以及反光部分，适当减弱二者的明度，更能表现其橡胶材质质感。行笔要果断有力，注意节奏的变换以及轻重大小。

如图2-35，进行一个卷笔刀的上色。对准其光源方向后分析材质。其材质主要由灰色塑料以及透明的塑料组成。

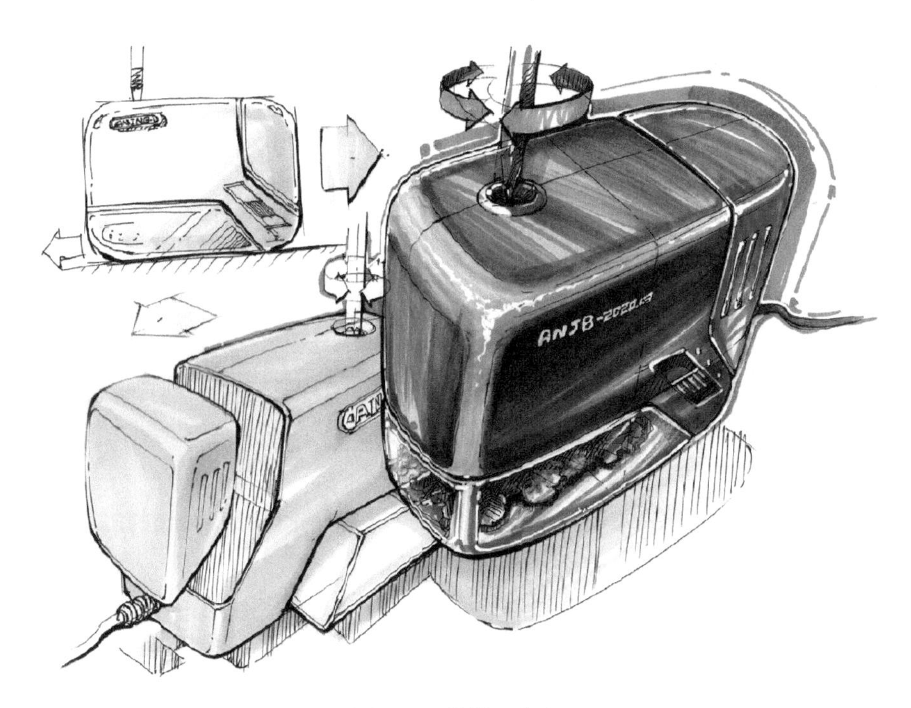

图2-35　卷笔刀上色

塑料边缘线比较清晰，高光较多，上色时注意留白。使用纯度较高的色彩，在明暗对比度中要注意对比拿捏，做好层次的过渡处理。

透明塑料具有折射和反射的特征，故其材质表现会略微复杂，需要表达出透明材质里面的结构，同时又会通过光影产生折射和反射。

透明材质还要注意使用最浅色系马克笔强调光影。其次对比要强烈，特别是轮廓部分，一般刻画得比较重。

如图2-36，进行一个自助爆米花机小版面的上色。其材质为金属材质。在上色过程中，注意光源对不同材质之间的影响。

图2-36　自助爆米花机小版面上色

采用扫笔笔触行笔，在亮面行笔要注意金属高反光以及高对比的基本特征，留出高光部分，节奏要把控准确，疏密要应用得体。

2.2.4 电子产品上色

如图2-37，在智能手机上色中，根据光源，来确定其暗面。产品材质由金属和塑料组成，所以在上色过程中，要考虑其材质特点。

在产品塑料暗面进行扫笔上色，注意光源的影响以及行笔的虚实变化，使用浅灰色，要清爽透亮。

在产品底端金属的上色中，要分析其多处转折面，根据形体进行明暗交界线加重，反光部分要与交界线形成虚实对比。

塑料按钮的上色要留出高光，细节刻画要谨慎行笔，注意收形。

如图2-38，进行POS机的上色。其特征在于光源照射后玻璃镜面的处理。玻璃上色要注意明暗交界线的处理，由暗到亮逐步渐变。同时注意亮面与暗面的高反差。扫笔要果断自然，注意轮廓线边缘的把控。

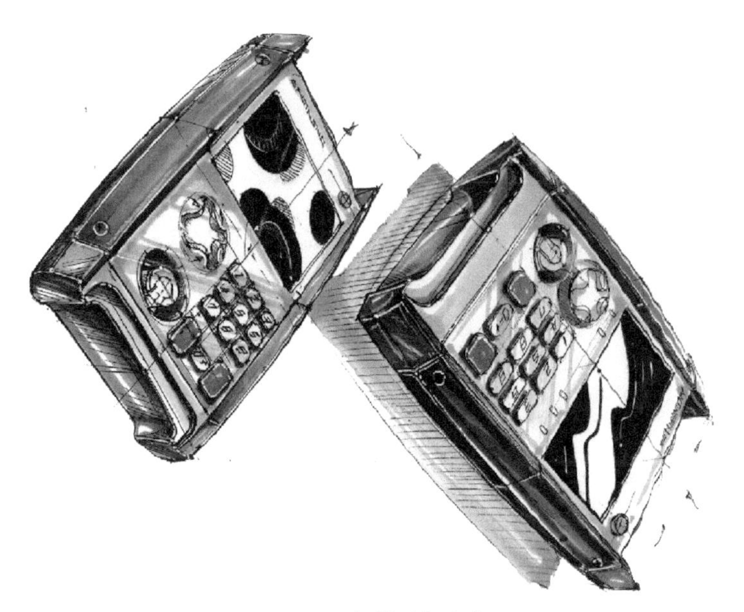

图2-37　智能手机上色

图2-38　POS机上色

2.2.5 卷笔刀小版面上色

如图2-39，进行一个卷笔刀小版面上色。通过光源的分析，我们确定了产品的三个面。在小版面的布局中，要疏密有度，将视觉中心内容丰富，边缘部分简洁，形成对比。

上色过程中，要注意塑料材质受光面的过渡，以及暗面受光源的虚实。塑料材质明暗对比较弱，用色要均匀。

同时，在说明的过程中，要注意箭头与产品的区分，可使用对比色加强画面感。

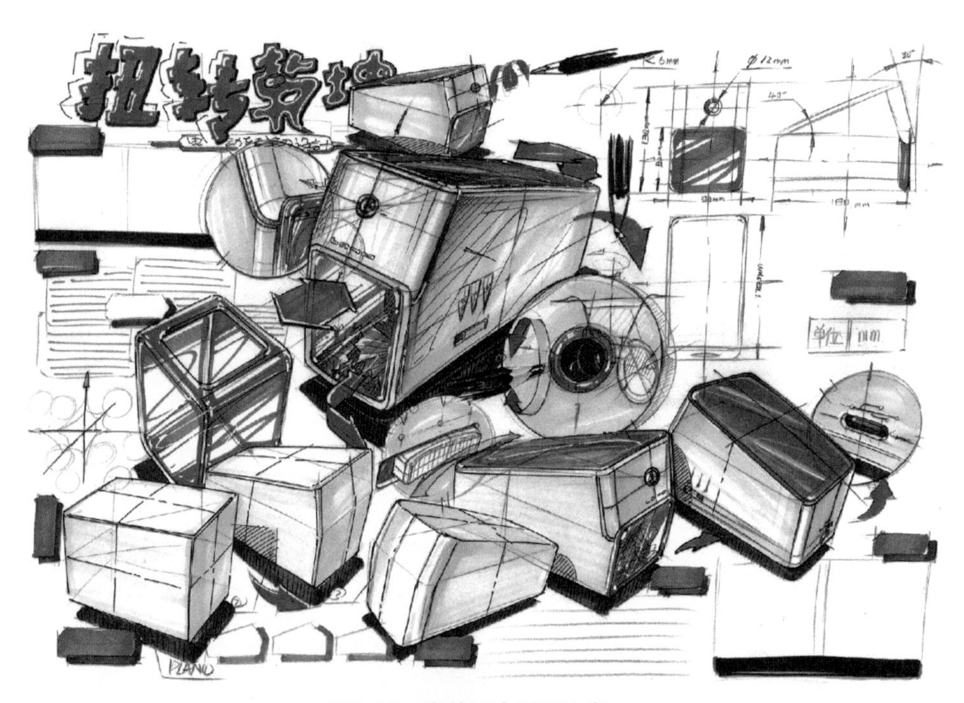

图2-39　卷笔刀小版面上色

平涂对配色要求较高，也是非常需要注意的部分，一般的平涂会采取饱和相对较高的颜色进行绘制，这样色彩感觉干净、明亮。

除了配色之外，对阴影形状有要求，厚涂可以进行阴影的边缘模糊。一般我们看到的平涂都是明确阴影形状、色块分明的。

总结来说，平涂的风格更加明亮、欢快、简洁，绘制时间较短。

2.2.6 电子剃刀上色

如图2-40，在由球体与方体组合成的刮毛刀上色中，要注意形体的分界线，虚实之间的变化。马克笔笔触叠加从一端往另一端画，首先选择浅色马克笔，沿着形体方向铺出笔触，然后快速选择另一支明度较深的马克笔进行铺色，使其融合自然衔接得到一个渐变效果，从视觉上感受是一个鼓起来的形体。

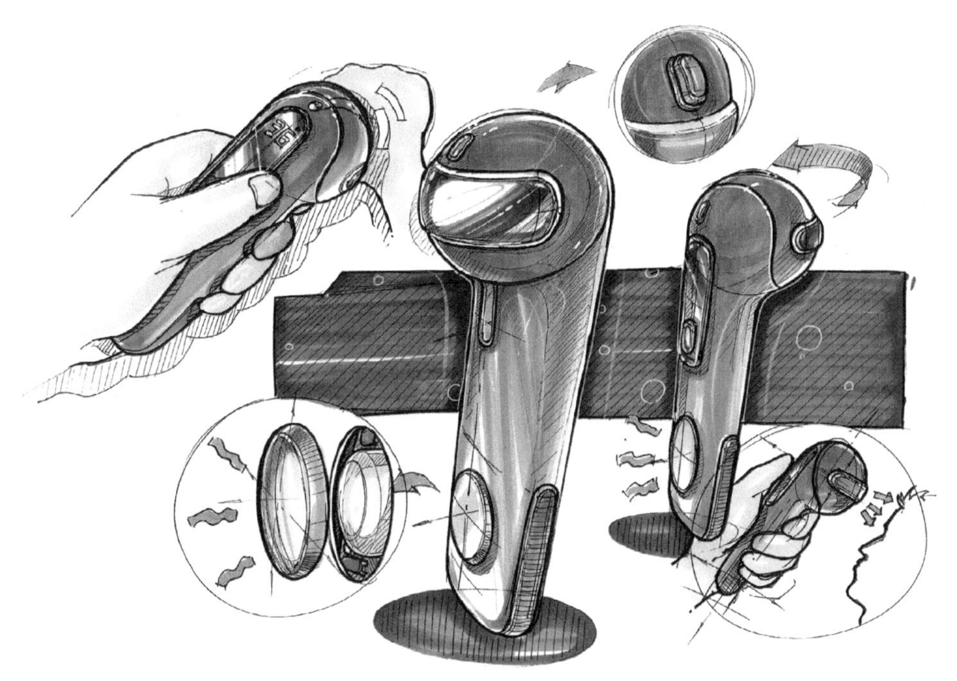

图2-40　刮毛刀上色

在握把的方体上色中，使用扫笔笔触进行同色系叠加上色，注意亮灰亮色的叠加关系以及虚实对比。在旋转器的金属上色中，采用灰色系的叠加渐变，注意底色与重色的排列关系。

如图2-41，进行一个电子剃须刀的上色。产品主要为塑料材质，要根据其特征进行上色。产品采用灰色系进行叠加上色。在不规则的体块上进行上色时，要顺着造型结构铺色，然后采用较深颜色叠加加强分界线的表达。扫笔时要果断有力，不可拖泥带水。

在金属纱网的上色时，先进行浅色铺色，然后在打孔部分叠加灰色，最后使用重色进行暗部的处理。

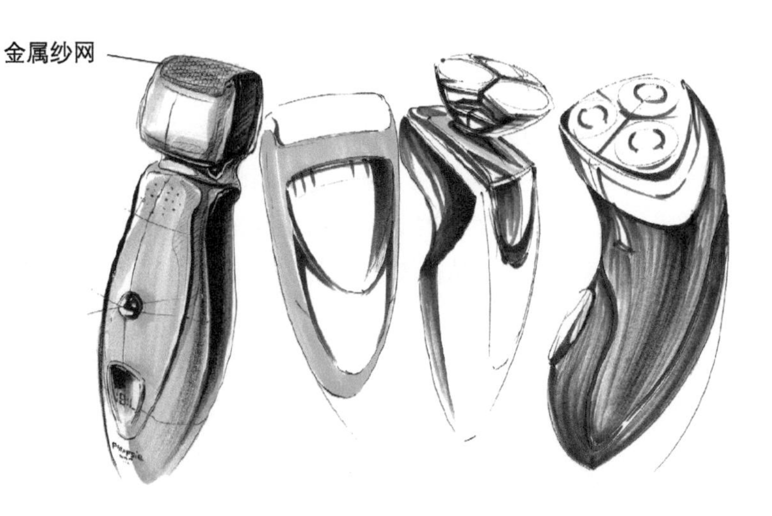

图2-41　电子剃须刀上色

2.2.7 刀具类上色

如图2-42，进行的是小刀上色。刀把为塑料材质，其特点是质感较硬，光泽度较高，上色时注意柔和过渡。

在塑料材质的刻画中，固有色的叠加渐变很重要，特别是在深色的叠加中，要保持透气性，不可色彩对比过重。

金属刀面上色时，要抓准金属高反光特征，大量留白，在暗部进行重色加强，形成强烈的对比，这样金属质感就比较准确地表达出来了。

图2-42　小刀上色

如图2-43，进行水果刀上色。刀把为塑料材质，在叠加上色过程中，要注意边缘线清晰，高光较多，上色时注意留白。在浅色与深色固有色叠加时，要处理好二者关系，不要使得颜色变脏，要保持透气性。

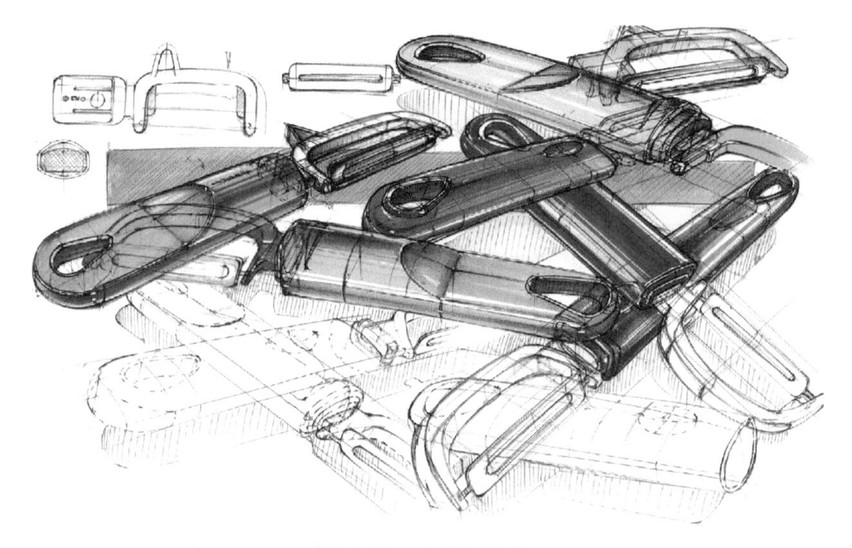

图2-43　水果刀上色

2.2.8 电子手表上色

如图2-44，进行手表的叠加上色。分析其表带为皮革材质，要注意光源对皮革的影响。皮革材质特性较为特殊，经过加工处理其表面会有哑光或抛光的不同效果，在叠加上色过程中要抓住这一特征，皮革质感就很容易表达出来。

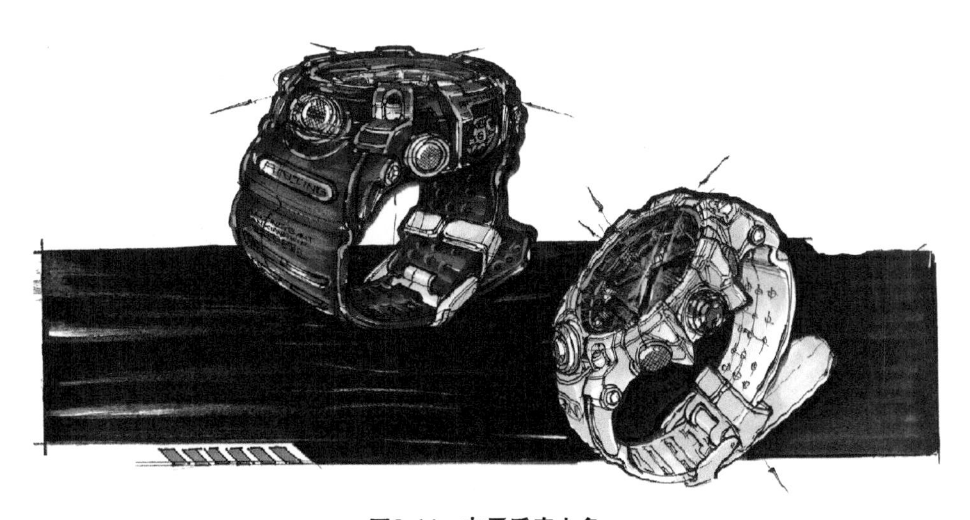

图2-44　电子手表上色

布料皮革材质上色不需要太强的明暗关系，明暗对比越弱，材质柔软性越明显，再加上适当的纹理，很容易出效果。

在叠加上色过程中，要进行对比的减弱，笔触要跟着形体结构走，要与其中穿插的金属按钮做出强烈对比，留出高光。对于轮廓线的转折处要进行虚化与柔和。

背景可以采用较深的颜色进行整体的块面效果处理。

在简单产品上色过程中，我们要认真分析不同光源对不同材质所产生的效果，以及投影面的方向。在上色过程中，笔触一定是跟着造型结构去运笔，形体转折面要加强对比。

在叠加上色时，明确透视的变化，颜色也要变化，材质的特征决定其高光的面积，要留出空白进一步刻画。

简单产品上色是一项整体练习，在上色之前，我们要考虑好颜色的搭配以及笔触的使用，做到胸有成竹。在学习了这些产品案例后，我们还需要进行大量的练习，才可以真正地融会贯通。

思考与练习

1. 认知并熟练产品上色的技法以及笔触叠加方法。
2. 对简单产品上色进行练习，达到熟能生巧。

第3章

产品设计方法体系

3.1 发现问题-解决问题

TRIZ理论，即“发明问题的解决理论”，俄文ТРИЗ的英文音译的缩写。该理论是基于各种标准知识、面向发明的核心问题，所提炼和总结出的解决方法和指导原则，是根里奇·阿奇舒勒建立的一套体系化、实用化的发明问题解决的方法。TRIZ设计方法核心思想是技术进化原理，由矛盾矩阵、四十个发明原理、七十六个标准解及若干分析求解方法和工具构成其主要技术体系，从发明创新的原理角度出发，给出了正向设计过程中创新思维的运行机制，对于复杂产品的创新设计有很好的指导作用，如图3-1所示。

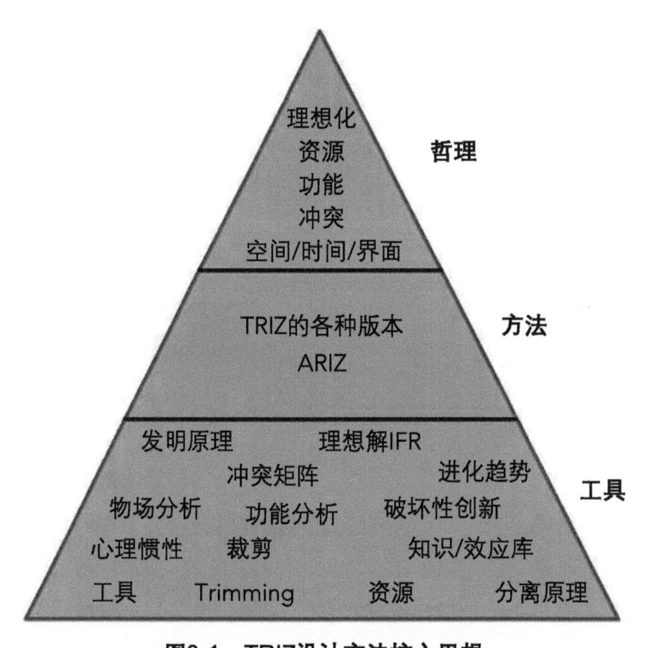

图3-1　TRIZ设计方法核心思想

创新是发展的动力，是世界发展的潮流。创新在产品设计的发展中起着非常重要的作用。传统创新方法易于掌握、易于传播、易于普及，能产生一些创新设想，但命中率低，速度慢，难以解决复杂的产品设计技术问题。产品设计的创新能力都来自各位设计师的潜能，并可以通过学习和训练来激发和提升。产品设计的创新是有规律可循的，这些规律潜藏于解决各种产品设计问题的过程中，通过在长期实践中的观察、总结，可以发现这些产品设计方法规律。在这些产品设计理论方法中，TRIZ理论体现出了其独有的优势，TRIZ的作用在各种产品设计方法的实践中发挥得越来越明显。如图3-2所示即为TRIZ理论的产品设计方法体系运行简化图。TRIZ可以帮助我们进行产品设计方法体系的创新，深入了解问题并获得解决方案，简化系统以及克服心理惯性。

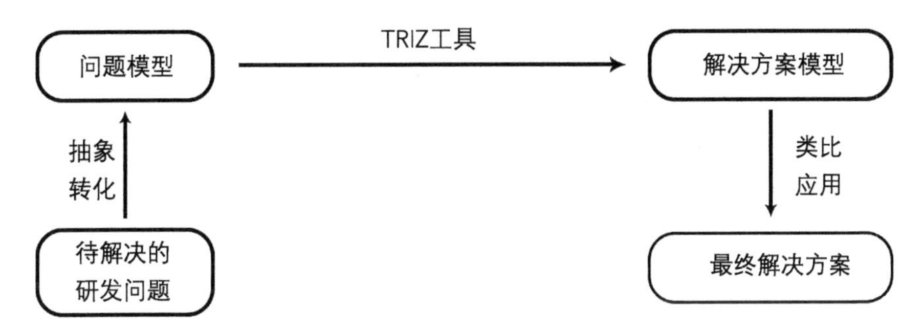

图3-2 TRIZ产品设计方法体系运行简化图

本章节将结合TRIZ理论来多方面分析产品设计目前存在的问题，并有针对性地运用系统理论对产品设计方法和应用问题进行解决，并对产品设计的各类方法体系进行可行性分析，做到设计与生产的融合。如图3-3所示，TRIZ理论的分析流程就很好地阐释了从发现问题到解决问题的产品设计方法体系。

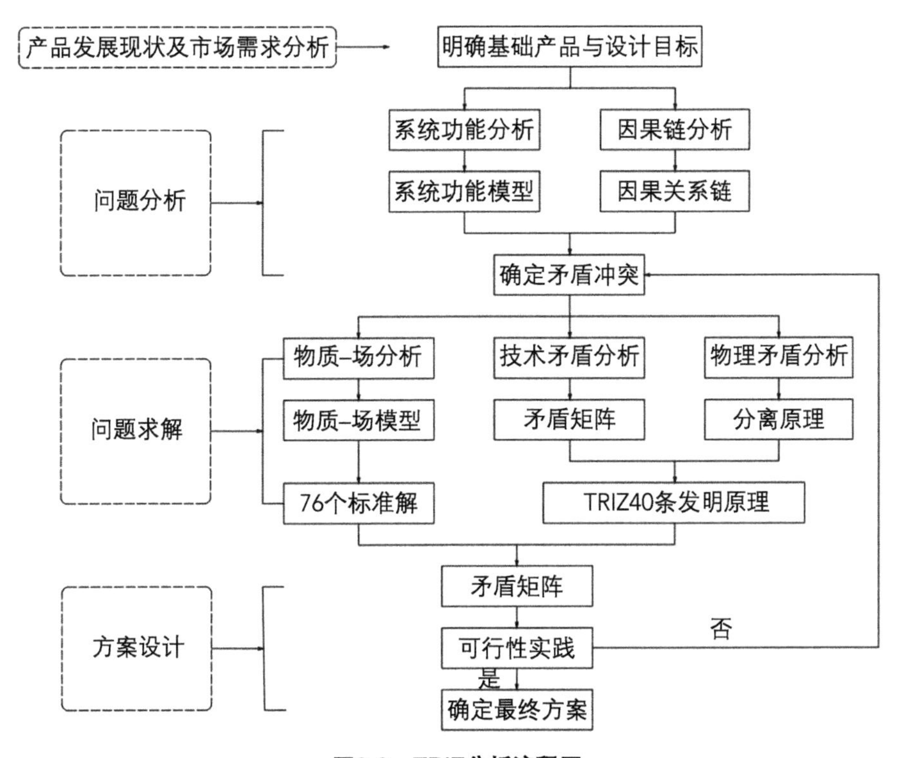

图3-3 TRIZ分析流程图

3.2 构成层面

3.2.1 分割形体原则

① 将物体分成独立的部分。即把一个物体分成相互独立的几个部分。

例如：用个人计算机代替大型计算机；用卡车加拖车的方式代替大卡车；用烽火传递信息（分割信息传递距离）；在大项目中应用工作分解结构；电脑分割为CPU、显卡、声卡等，可分别独立制作，插接组合成PC使用；鼠标/键盘与电脑的分离——无线鼠标/键盘；电视控制部件的分割——遥控器的产生；电视机的分割——电视盒，可以接收解码电视节目；独立分割的立交桥制作方法，将不同端分别制作再连接；火车车厢之间是单独的个体，可调整车厢的数量；分割笔芯和笔——自动铅笔；圆珠笔的笔芯与笔套是两个可分的部分，笔芯可以换；手机将显示时间部分进行分割——双屏翻盖手机，外部小屏显示时间；耳机与耳机线的分割——无线耳机，等等。

② 使物体成为可拆卸的。即把一个物体分成容易组装和拆卸的部分。

例如：组合式家具；橡胶软管可利用快速拆卸接头连接成所需要的长度；刮胡刀的刀片与手柄可分离；可更换刀片的美工刀；可更换不同钻头的电钻；抽油烟机中的油盒可拆卸；可更换镜片的望远镜，等等。

③ 增加物体的分割程度。即提高系统的可分性，以实现系统的改造。

例如：用软的百叶窗代替整幅大窗帘；中央空调出气口，被格栅分割成面向不同方向的出气口；电子线路板（PCB）表面贴装技术（SMT）中所使用的锡膏，主要成分是粉末状的焊锡，用这种焊锡替代传统焊接用的焊锡丝和焊锡条，从而大大地提升了焊接的透彻程度；存储食物制冷箱体的分割，其中包括冰箱的冷冻室、冷藏室，再分割成保鲜室；多个块状竹制块（麻将块）的凉席替代竹条式凉席；将相机镜头部分分为多个套管连接实现伸缩镜头的结构；自行车、摩托车等的链条是一环一环相接的，每环都是可以取下来的，等等。

3.2.2 拆除部件原则

从物体中拆出“干扰”部分（“干扰”特性）或者相反，分出唯一需要的部分或需要的特性。与上述把物体分成几个相同部分的技法相反，这里要把物体分成几个不同的部分。

例如：一般小游艇的照明和其他用电是艇上发动机带动发电机供给的，为了停泊时能继续供电，要安装一个由内燃机传动的辅助发电机。发动机必然造成噪声和振动。建议将发动机和发电机分置于距游艇不远的两个容器里，用电缆连接。

3.2.3 不对称造体原则

① 物体的对称形式转为不对称形式。即用非对称形式代替对称形式。

例如：非对称容器或者对称容器中的非对称搅拌叶片可以提高混合的效果（如水泥搅拌车等）；模具设计中，对称位置的定位销设计成不同直径，以防安装或使用中出错。

② 如果物体不是对称的，则加强它的不对称程度。即如果对象已经是非对称，增加其非对称的程度。

例如：将圆形的垫片改成椭圆形甚至特别的形状来提高密封程度；防撞汽车轮胎具有一个高强度的侧缘，以抵抗人行道路缘石的碰撞。

3.2.4 组合形体原则

① 把相同的物体或完成类似操作的物体组合起来。即合并空间上的同类或相邻的物体或操作。

例如：网络中的个人计算机；并行处理计算机中的多个微处理器；合并两部电梯来提升一个宽大的物体（拆掉连接处的隔板）。

② 把时间上相同或类似的操作联合起来。即合并时间上的同类或相邻的物体或操作。

例如：把百叶窗中的窄条连起来；同时分析多项血液指标的医疗诊断仪器；现代冷热水龙头，调温通过转动完成，将过去的两个龙头合并为一个龙头；双联显微镜组，由一个人操作，另一个人观察和记录。

3.3 时间序列层面

TRIZ理论创新思维方法有多屏幕法、STC算子法、RTC算子法、金鱼法、小矮人法等。

多屏幕法从两个维度进行发散思维：① 从构成层面发散，考虑了当前系统、超系统及其子系统；② 从时间层面发散，将其分为过去、现在和将来三种状态。

即按时间与构成两种不同的维度对现有问题的技术系统进行全面思考与分析，从而找到解决问题的思路与方法。前文已介绍了构成层面，现在来简要分析下时间层面的发散思维。

在TRIZ的范畴里，发散思维并不等同于胡思乱想，TRIZ的发散思维与一般的发散思维有着明显的区别。基于TRIZ的发散思维，在遵循客观规律的基础上，引导思考沿着一定的维度来进行发散思维，其中，时间层面的发散尤为重要。在TRIZ与产品设计方法体系的融会贯通中，从时间层面进行思维发散是一种常见的解决问题的方法，其包含三个系统层面——“过去、现在、将来”这三种时态，与此同时还可将设计思维在宏观到微观之间往复发散，我们可以在尺寸、成本、资源等多个维度上，从零到无穷大来进行发散思考（图3-4）。

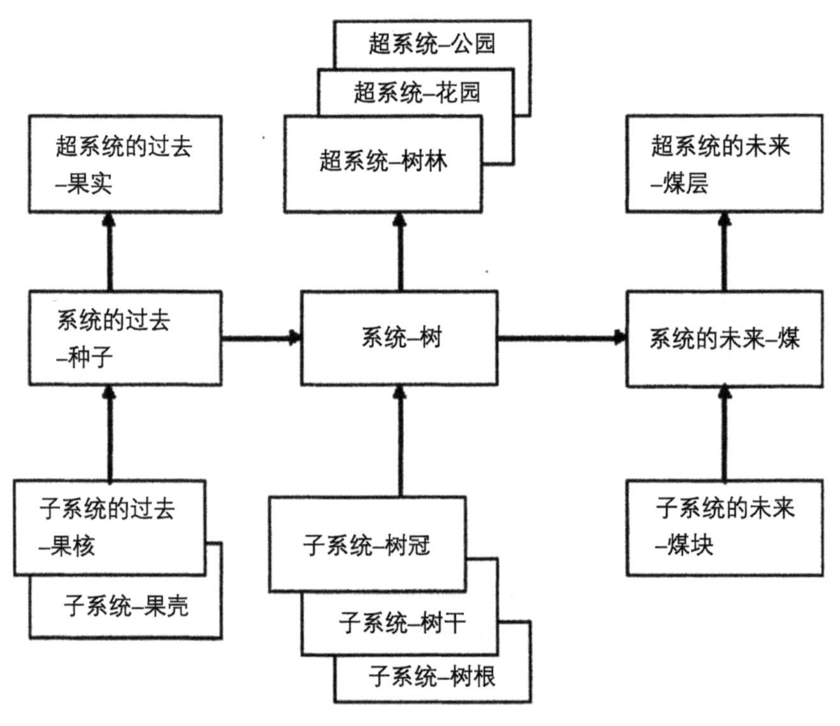

图3-4　多屏幕法——时间层面发散思维

3.4 空间序列层面

在TRIZ解决问题的方法中，矛盾矩阵工具最为常见，而空间序列层面的发散思维正是从矛盾矩阵数列的比较中得出的。TRIZ研究的冲突是技术冲突和物理冲突，技术冲突是指一个系统在某方面得到改善的同时，另一方面被削弱。运用矛盾矩阵中的标准参数找到对应的发明原理可以解决技术冲突。物理冲突是因为追求对立的结果而引发的。对此，物理矛盾一般是通过分离的方法，获得两个相反的解决方案。分离的方法很多，有空间分离、时间分离、系统级别分离、条件分离、范围分离等。而其中的空间分离即为空间层面的发散思维分析方法。空间序列层面的分析方法有助于我们思考产品设计方案，寻找和创建能够满足既定需要的产品设计方法体系。在此过程中，我们遇到的一切物理矛盾都可以从40个发明原理中找到答案。发明原理构成了一个简单的清单，从中可以得到基于不同情形、时间和空间的解决方案，帮助我们创建所需要的产品设计方法体系。

3.5 传统产品更新换代

传统产品的更新换代是提升我国传统文化产品生产力、增强企业产品竞争力的重要方法之一。中国传统文化产品的更新换代路径主要由新生代产品差异化路径、传统文化资源嵌入式路径和内容创意导入式路径构成。其中，在中国传统文化产品更新换代的实践中，传统文化产品生产企业应基于自身的优势，结合消费者的市场需求，选择合适的产品更新换代路径。

新时代的产品设计应该注重对新技术的融合，新技术和生活紧密联系是新时代产品设计的主要发展趋势，这种趋势是温暖的，具有灵性的，而不是冷冰冰的未来科技。新时代的产品设计应该坚持产品的实用性，产品设计的一个重要原则就是满足需求，而不是创造需求，满足需求能够将原有的产品黏性进一步强化，使用户更加爱不释手。新时代的产品设计应该坚持创新的原则，即用创新的思维方式去尝试新技术与新审美的有机结合，调动设计师的主观能动性，从使用者的角度出发，尽可能帮助用户减轻认知负担。

以当今时代最具代表性的极简设计风格为例，在传统产品的更新换代中，其简单的几何基础形态并未改变，而是在追求简约设计的同时突出了“方圆之间”的传统中国文化设计理念。在设计时，“极简”并不等于“简单”，在造型创新设计的过程中，越是“极简”，其对造型的比例、大小、元素数量要求越是考究，并不是简单的方与圆。如图3-5所示为当代的“方圆设计”。

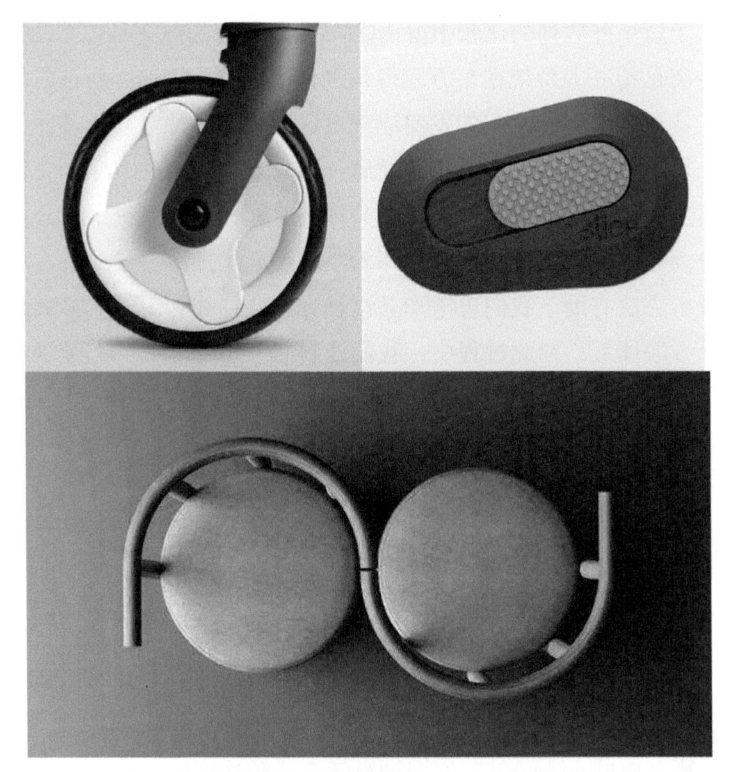

图3-5　传统产品的更新换代——“方圆设计”

正所谓方圆之间，矩法天地，在这方圆之中，元素各居其位，乃成规矩。设计师们在以上造型的设计中，要注重“造型”中的“意识”，除了注意方圆间的组合以外，也要注意元素的数量、组合、占用面积及比例之间的关系，才能更好地理解和设计出更加符合现代审美的创新设计产品。

3.6 文创产品再设计研究

中华民族经过几千年的发展，传承着诸多优秀的传统文化，而传统文化同样已深深扎根在每一个中华儿女的心里，与我们的日常生活有着密切联系。文创产品作为呈现文化信息且实现商品价值的产物，在创新设计的过程中需要基于消费者的情感去获取各种元素，打造出更多打动人心的产品。在文创产品设计中，通过获取传统文化元素的创新设计，不仅能够提升文创产品的艺术性，还能够基于文创产品实现传统文化的有效传承，有着重要的现实意义。文创产品相较于其他商业产品而言，具有更丰富的文化意蕴，换句话说就是采取现代化设计思维打造的一种凸显文化符号的产品，在这一产品中有传统文化和工业技术的高度融合，其最终的产品形态蕴含了一定的文化内容。

文创产品一般由文化创意内容和所需载体两个部分组成。在发展过程中，文创产品逐渐融合了地域、民族、宗教、文化等因素，再配合一定的思考、创意、制作加工，才形成了具有创意性、设计感、多样化的形式。一个好的文创产品，不仅应在实用性上满足人们的基本需求，还应在精神上实现情感的共鸣。例如，那些拥有浓厚地域色彩的文创产品让身处外地的人们思念家乡，这能拉近人与产品的距离。在二十一世纪初，我国的文化创意产业发展已逐渐受到重视，其背后巨大的商业空间促使文化创意产业高速发展，也形成了颇具特色的创意组群。然而在这一过程中，出现了以下几个突出问题：

① 同质化。在当前的地域文创市场中，充斥着类似或相同的文创产品，同质化的问题严重。这导致在很多地区（尤其是各地的旅游景区）售卖的文创类型旅游纪念品的造型大同小异，无法凸显地域文化特色差异性。

② 盲目性。由于文化创意产业在我国起步相对较晚，其在发展过程中缺乏准确的定位分析，企业在对产品进行定位时往往更看重眼前的利益，设计师也忽略了消费者和市场认可的重要性，从而导致了文创产品盲目性的凸显。一些文创产品无法展现出独特的地域文化特点，也无法实现最大化的商业价值。

③ 符号化。过于符号化是文化创意产品的一大缺陷。有的文创产品只是简单地应用了地域文化符号，更有甚者倾向于照搬、照抄，不论与自身诉求是否相符，都直接一模一样进行应用。这些现实情况的存在，使得文创产品的文化内涵缺失，毫无竞争力和吸引力。

随着文创产品的现实问题越来越凸显，设计师们对文创产品的再研究、再设计迫在眉睫。将地域文化元素融入文创产品设计中，可以使产品更具独特的创意效果和传播属性，提升其艺术效果和实际价值。这不仅有利于发展文化创意产业，宣传地域文化，还能够在一定程度上加快各地文化产业的升级，提升各地的文化竞争力。如图3-6所示的清明上河图书签套装就代表着河南开封当地的文化特色，首先可以注意到的便是外盒包装和便签本，两者封面呈现的是名作经典色彩，而内页使用彩色纸张设计，视觉柔和又不失特色。

再来看看故宫官方旗舰店的书签，这款书签的设计则更加细节精美，展现了诸多名作的经典场景，并转化成代表性的建筑形状，与便签包装色彩完美融合。图3-7所示为故宫官方书签。

图3-6　清明上河图书签套装

图3-7　故宫官方旗舰店书签

通过对上述两个案例的鉴赏，显而易见，在文创产品的设计上，设计师们往往对产品注入了颇多的本土特色风格，使得产品形象独立且清晰明了，但也不乏融合多种创意元素的设计，每款产品的背后都蕴藏着诸多的文化背景与文化特色。这也预示着设计师们在对文创产品进行再研究再设计的过程中，需要更加注重对传统文化的剖析与创新，在体现中国风特色的设计前提下，进一步将产品表现得更加新颖有内涵，更具文化魅力。

中国文化博大精深，各个地区的资源与内涵均不相同，这也给了设计师更加广阔的设计空间。在对文创产品的再研究、再设计过程中，设计师们不能盲目地使用地域文化元素，更不能照搬、照抄，应该将地域文化元素解析、归纳、凝练，并转换成设计元素，与所涉及的产品进行有效结合。这样才能赋予文创产品新的生命力，使其以强大的文化力量立足于市场，走向世界。

思考与练习

1. 熟悉并掌握基本的产品设计方法体系，清楚什么是产品形态？产品形态的创意表现是什么？用什么方法来进行产品形态的创意表达？
2. 想一想，文创产品的再设计研究对产品形态表达的方法运用有哪些创新启示？

第4章

产品设计中的形体推演

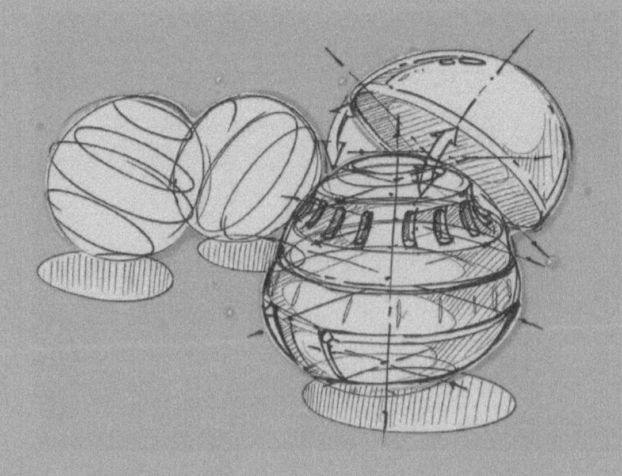

在形体推演的世界里各类物体的形态都是变化多样的，而对于产品设计师而言，在形态丰富的产品中寻觅形体推演的客观规律是学习产品设计形体推演的首要目的。在形体推演时，虽然每位设计师对于形体的认识各有差异，但这也造就了设计师们广阔无限的想象空间。作为一名合格的产品设计师，我们一定要遵循形体推演的多变性与复杂性规律，在复杂的形体推演过程中寻求一种有效的形体推演规律和产品设计方法来指导我们的设计思路，优化我们的设计策略。然而如何更好地理解形体推演过程，如何从复杂的形体中找到适合自己需要的产品造型呢？

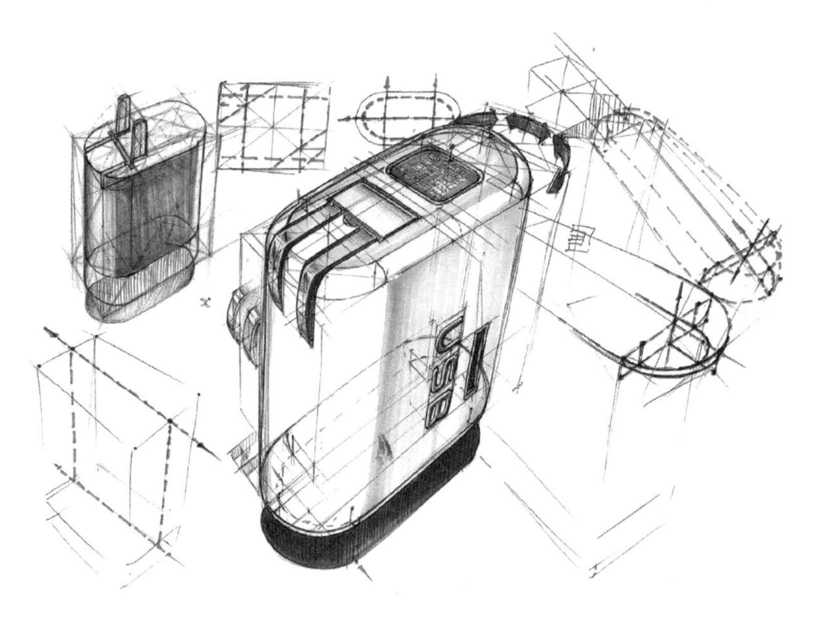

方体、圆体、球体、锥体，作为形体推演设计中的基本体，在产品设计中处处可以看到它们的影子。在形体推演的过程中，设计师在确定基本体之后，可以运用分割、叠加、削减、倒角、包裹、弯曲等方法，推演出新的造型。下面介绍几种形体推演产品设计的构思方法，通过构思训练，可以提高我们理解产品和把握造型的能力，从而一步步在我们的头脑中积累形体素材，并在设计实践中能灵活运用这些素材进行形体再创造。本章节将重点讨论形体推演产品设计的思路与综合训练方法。

4.1 方体产品

4.1.1 有机几何体

在形体推演的过程中，画草图往往是我们的第一个步骤，首先要勾勒出这个产品的形状，是方形还是圆形，然后才能继续在这个大体的造型上进行下一步的设计。如图4-1所示，以一个平面的几何六边形为基本形，将其推演为一个新的几何体，并利用一定的几何透视画法，将几何体层层深入，推演出一个全新的有机几何体造型。

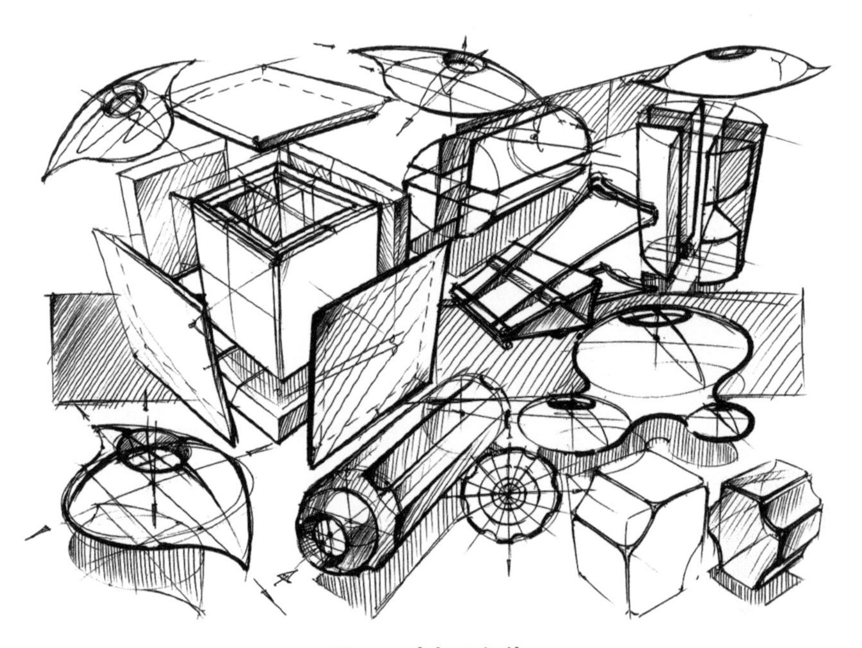

图4-1　有机几何体

方体作为有机几何形体中最基础的形态，其在几何学中具有多种特性。比如，长方体是底面为长方形的直四棱柱，立方体是长宽高都相等的长方体。其中，立方体是一个立体的三维图形，它有6个正方形的面、8个顶点和12条边，它也被称为正六面体。在生活中有许多这样的例子。比如，有助于提高脑力的魔方，供于娱乐的骰子等。如图4-2中的各类有机几何体就是由不同的方体基本形推演而来的。

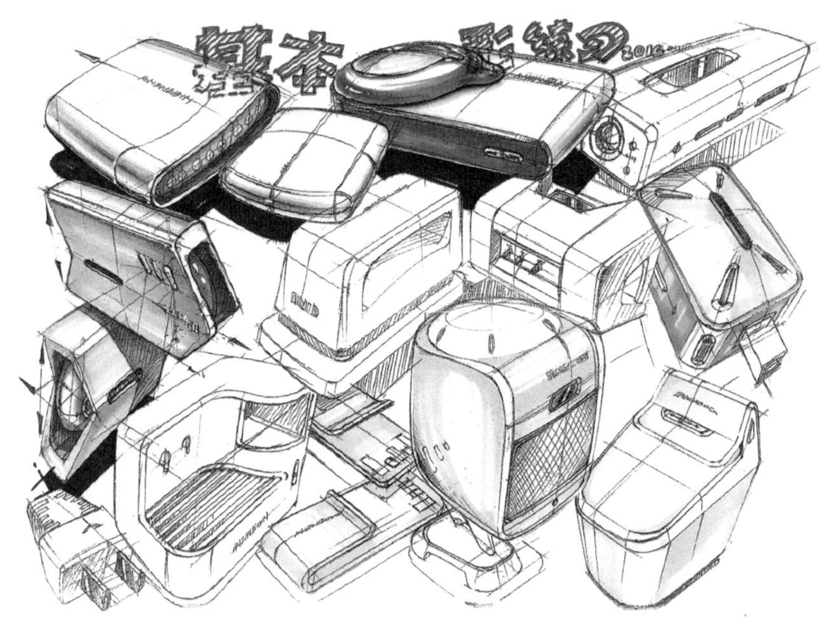

图4-2　有机几何体的基本形

一个好的方体产品，其推演过程也必定是精简的。以图4-3中的椅子推演过程为例，一个立方体通过精简的形体推演，在尝试不断的形体变换后演化为一把几何椅。其椅背和小凳部分的搭配相得益彰，兼具实用性和审美性，通过模块化的设计搭配可以满足不同人群休息、聊天、阅读的相应需求。不论是展开使用，还是收起摆放的状态，都可以从其推演的过程中一目了然。

认识了方形有机体，再来看看矩形有机体。矩形是有机几何形中最基础的形状，其特点也显而易见。比如，矩形的四条边线均为直线线段，不相邻的两条边互相平行且长度相等，等等。如图4-4中的矩形有机体其基本形的特征也与方形有机体的特点大同小异。由此可见，无论是方形有机体还是矩形有机体，其遵循的方体几何学规律都是相近的，这也启示着设计师们可以在有机几何体中寻找相似的推演规律进行新产品的再创新。

图4-3　有机几何形态

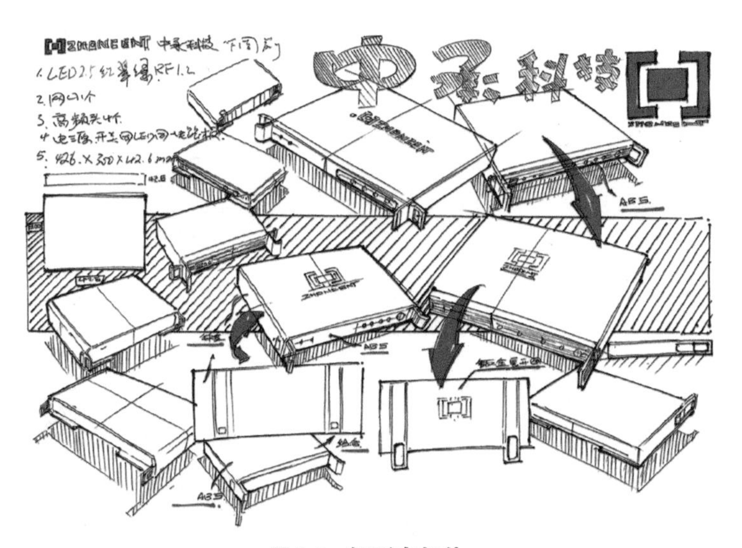

图4-4　矩形有机体

思考与练习

1. 找一找，身边有哪些产品是有机几何体。
2. 想一想，有机几何体除了以长方体、立方体的形式存在以外还有哪些基本形态?

4.1.2 办公用品

我们日常生活中所接触到的方体产品种类颇多。例如，打印机、电脑主机、电饭煲、空调、路由器、收音机、吸尘器、微波炉、烤箱等。而其中打印机作为办公必备的方体产品，如图4-5所示的打印机造型，其附带有简单曲面形态，并利用方体的基本几何形来进行基础的产品定位（图4-6、图4-7）。

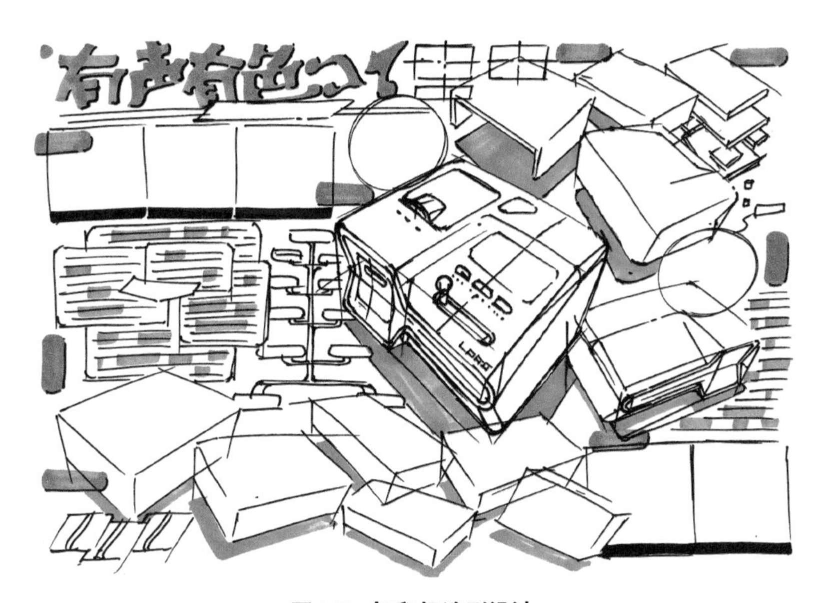

图4-5　打印机造型设计

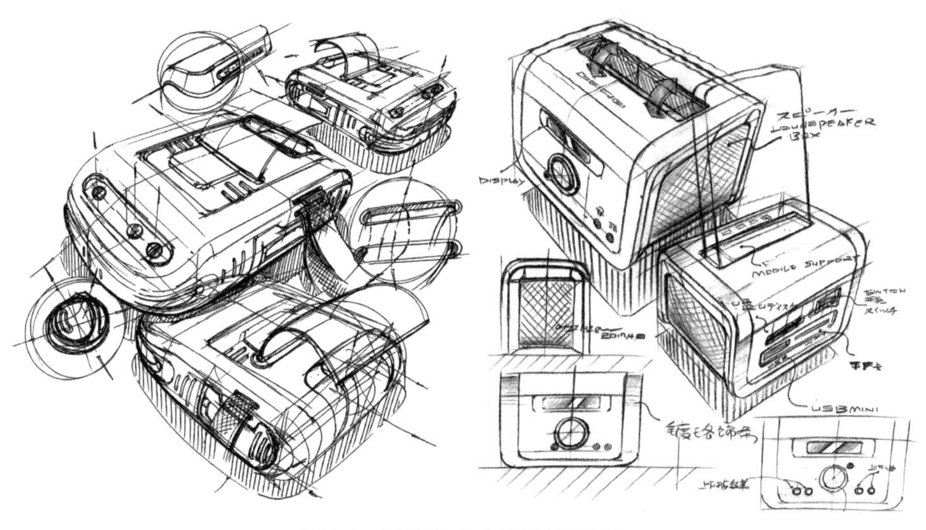

图4-6　打印机的方体造型推演

图4-7　以方体为基本形态的打印机设计

4.1.3 方法一：线分割法

线分割法是在形体推演过程中最为基础的推演方法，也是运用最多的设计手法。一方面是基于生产制造的需要，另一方面也是一种装饰的手法。产品在拆件过程中会产生线的分割效果，如图4-8所示，在电脑主机的造型设计中，为了强化产品效果、丰富细节部分，对机箱进行了线分割法的形体推演方法，使得整个电脑主机的形体更为饱满。

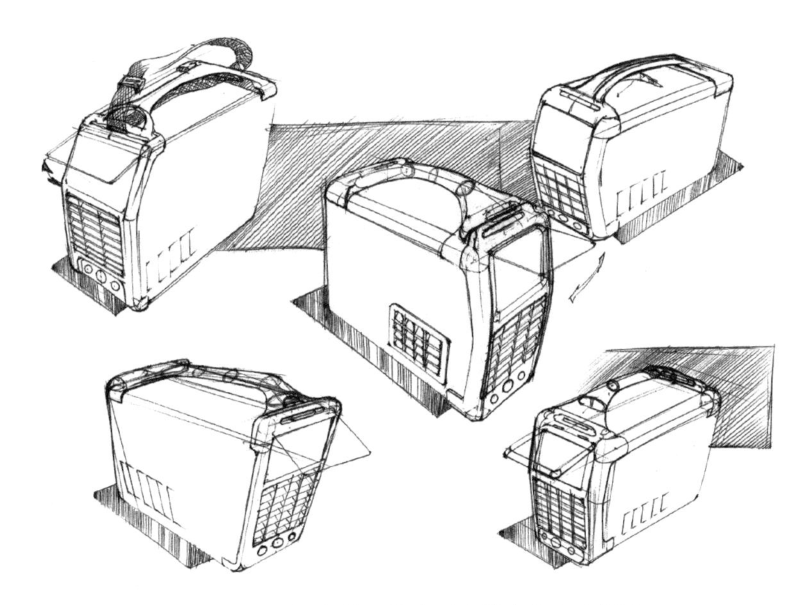

图4-8 以方体为基本形态的电脑主机设计

这种线分割的推演方法也可以运用在起到装饰效果的产品部件上，同理也会产生线分割的效果。如图4-9所示，机箱外部造型经过线分割手法的合理分割，使得产品整体造型更为立体、直观，丰富了机体的纹理感与韵律感。

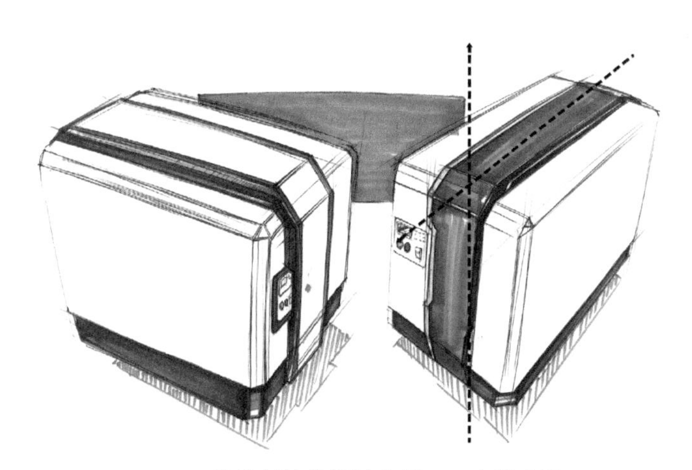

图4-9 线分割法的设计应用——电脑主机

4.1.4 家用电器

家用电器是人们日常生活的重要组成部分，是人们生活水平和质量提高的具体表现，尤其在现阶段人们对于家用电器产品有了更高的要求，在实现其基本效能的同时，还应该具备比较好的造型。因此，以方体造型为代表的小型家用电器产品应运而生。如图4-10及图4-11所示，以方体为基本形进行的电饭煲造型推演，再一次阐释了方体在生活中的设计应用非常广泛。

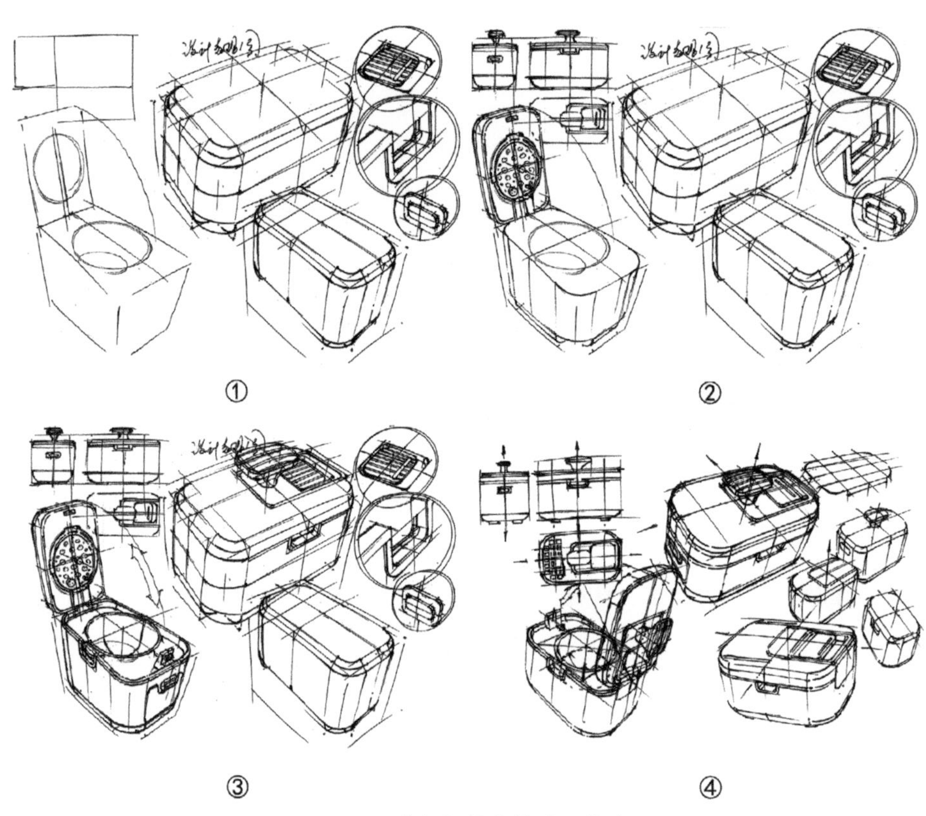

图4-10　电饭煲的方体造型推演

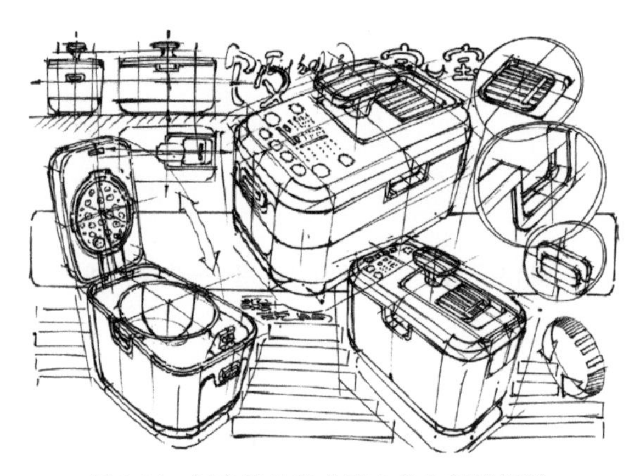

图4-11　以方体为基本形态的电饭煲设计

4.1.5 方法二：削减法

削减法是产品推演设计中的减法，是通过对基本形体的切削相减而得到新造型的一种推演方法。这种方法可以不断丰富产品的造型，帮助设计师们发散设计思维。以图4-12为例，通过对方体的局部进行切割来进行形体的削减，在保证原体量边界完整的同时，还维持了单形体的原型，这样削减所得的新型方体产品更加富有立体感，从造型和审美上更加自然贴切。对单形体进行减法处理是形体推演设计中最常用的造型设计手法，体块的削减可以削弱单一形体的厚重感，使体块变得轻盈且在立面上出现虚实对比，这也进一步优化了挂式空调的结构，整体外观更加精简、轻盈。

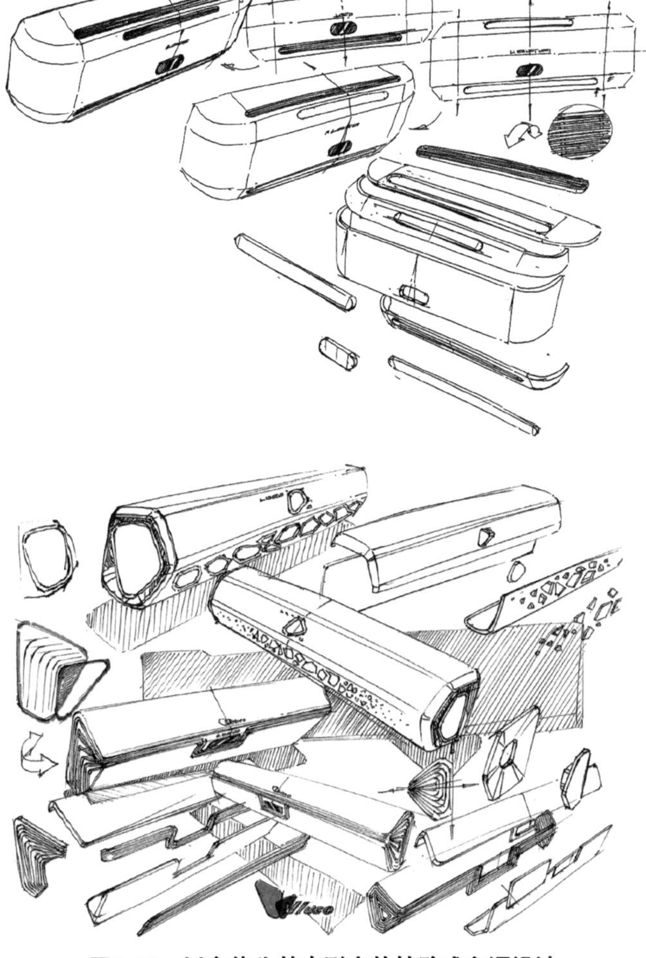

图4-12 以方体为基本形态的挂壁式空调设计

如图4-13、图4-14所示，以方体为基本造型推演而出的立式空调外表大方大气，线分割法的使用为空调外观起到了一定的装饰作用，而削减法更是将方体的推演过程变得更加完整，产品造型更加丰富美观。形体推演后的立式空调不仅外观样式丰富多彩，且有材料节能环保的内在特点，通过这两种形体推演方法的使用，演化而得的新型立式空调内化于心，外化于形，内部功能更加丰富全面，外部造型更加精简别致。

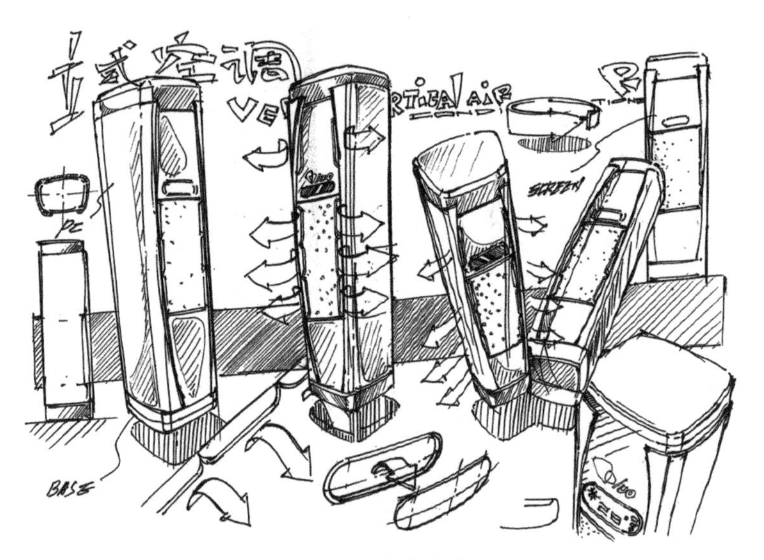

图4-13　立式空调草图

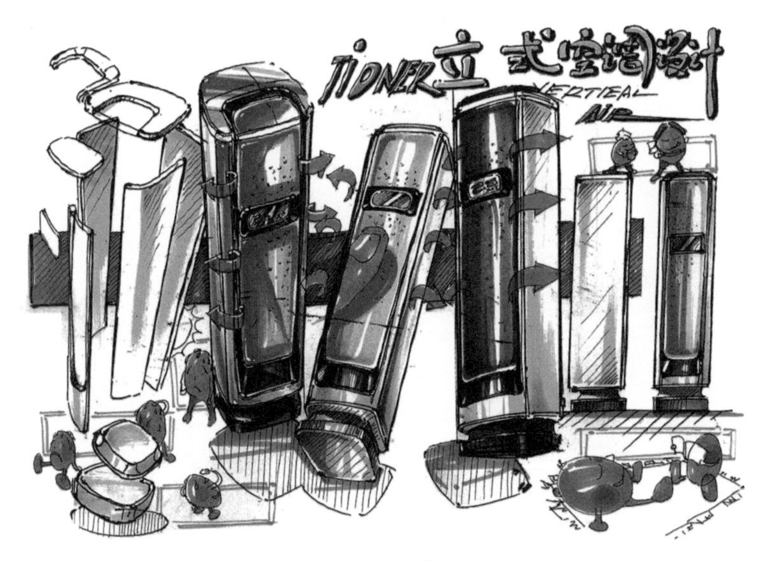

图4-14　立式空调上色图

4.1.6 方法三：叠加法

叠加法是产品推演设计中的加法，是通过对基本形体的相加、穿插、融合后而得到新造型的一种推演方法。叠加法可以用来创造复杂的形体，在运用叠加法的时候，要注意叠加体的形状、大小尺寸、相互位置以及融合方式，这些都是影响最终效果的主要因素。如图4-15、图4-16所示，通过对方体形态的相加、穿插与

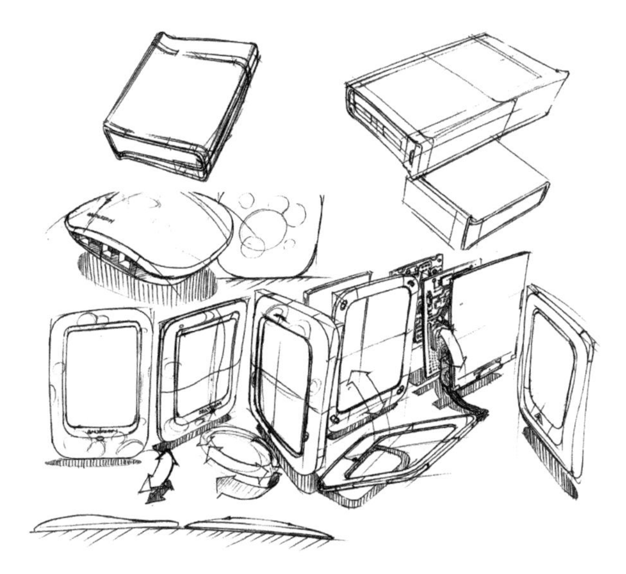

图4-15　路由器的形体推演设计过程

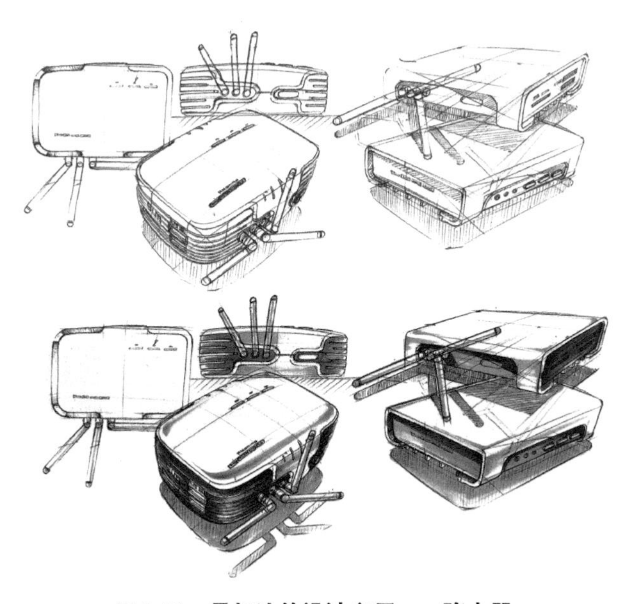

图4-16　叠加法的设计应用——路由器

融合，组合为一个新的产品造型，在此方法的叠加融合之下，路由器的内部及外观造型变得更加完善，富有产品特点。

这种叠加的推演方法也可以广泛运用于多种形体的推演上，但叠加不是单纯的各种形体的盲目添加，首先要分析所推演的产品造型上的各项功能，即给产品造型限定功能内容，由此来与其他产品进行有效区分。明确产品的基本造型以及辅助造型，分析必要功能和不必要功能，在满足形体叠加的同时也需要满足使用功能和美学功能的有机统一。

4.1.7 方法四：倒角法

所有出厂产品都会设定一份适合于产品自身的倒角弧度，以防尖锐物品对触摸之域产生不必要的危险。而倒角法是一种对边缘的处理方法，倒角的形状、大小、位置都可以不断改变，是在形体推演产品设计中常见的方法。倒角法可以用来区分圆润和硬朗的产品风格，还可以丰富产品细节。如图4-17所示，产品的形体都是由不同的面衔接组合而成。设计师需要通过对不同形体面衔接处进行不同的倒角处理。

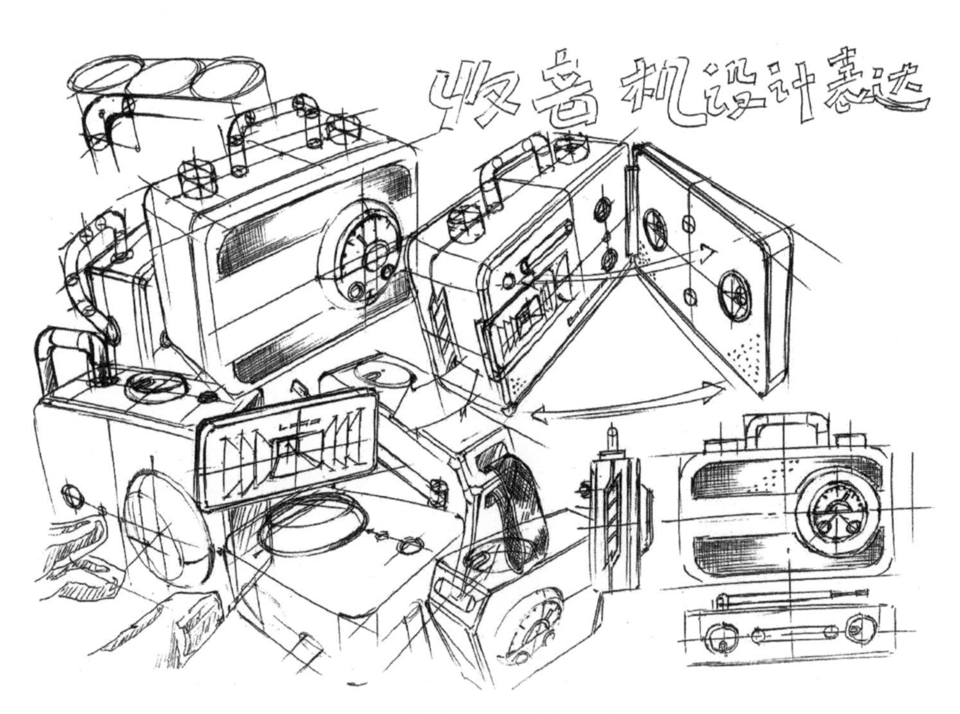

图4-17　收音机的形体推演过程

生活中很多产品都存在棱角太锋利的问题，在形体推演的过程中从始至终贯穿倒角逐渐成了每位设计师必备的设计手段。从机械加工后微小的自然倒角到体现圆润风格的流线型设计，每一种风格的倒角都在丰富产品的内外部结构。以图4-18的收音机设计为例，柔和的倒角形式使这款收音机能够显而易见地表现出其内部的形体结构及外部的交互功能，充分体现了设计师的造型设计能力与综合设计掌控能力。

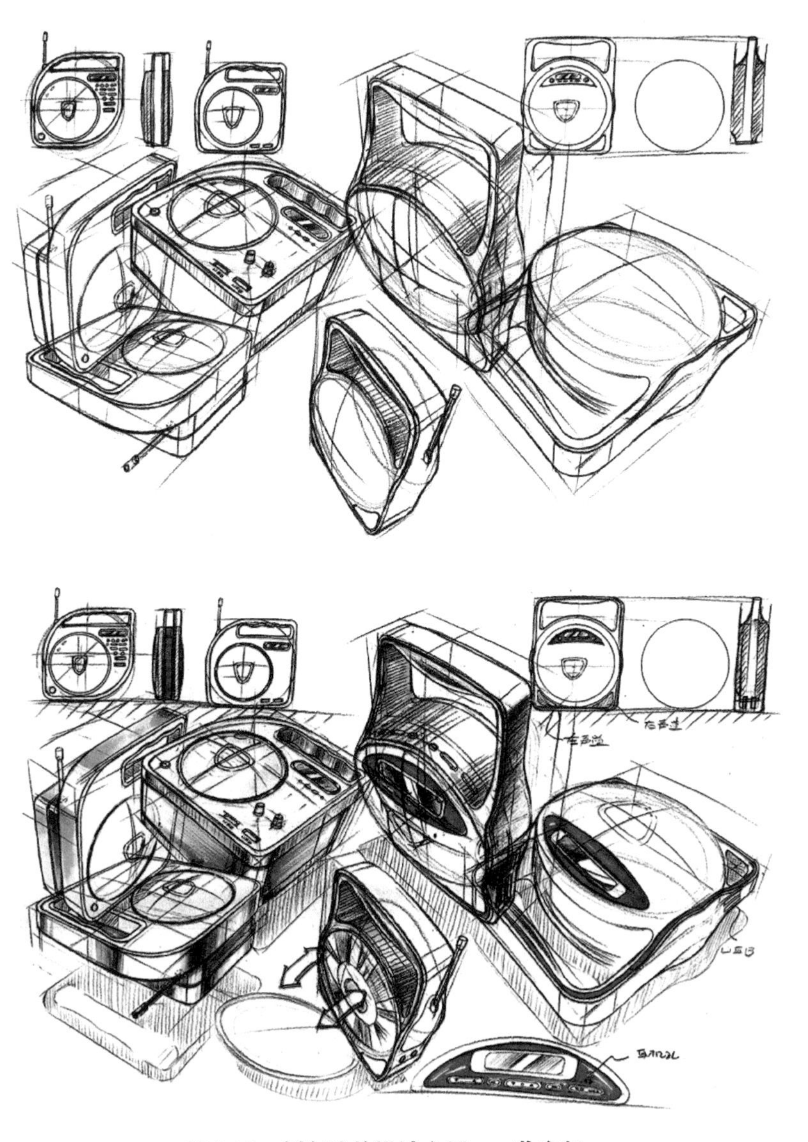

图4-18 倒角法的设计应用——收音机

4.1.8 方法五：弯曲法

弯曲法是产品推演设计中较为出彩的一种设计手法。弯曲法可以将呆板的造型变得具有灵动性，如流线型速度形体，能够赋予产品新的活力。弯曲法可以改变产品本身造型的视觉走势，将曲线元素带入到产品中可以增加美感。如图4-19所示，通过对产品本身造型弯曲度的变化，进一步丰富了吸尘器的外观特点，形态连续性的弯曲变形更是突出了吸尘器原有的轻巧、柔美的特征，在起伏波动的抽象曲面中，以其独特的产品生命力，受到更多用户的青睐。

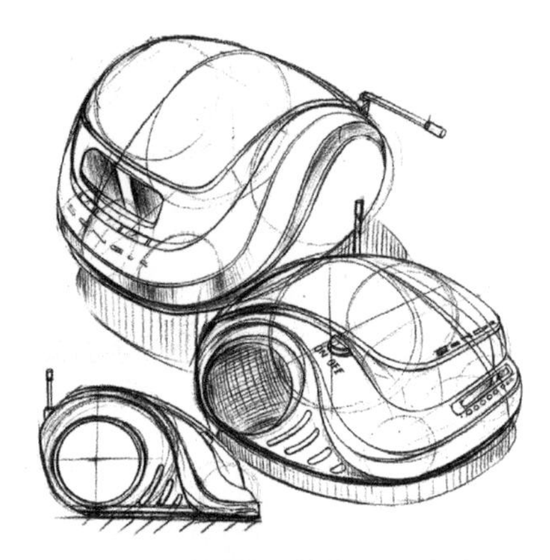

图4-19　吸尘器的形体推演设计过程

形体推演产品设计中的弯曲法是基于对各种形态要素的特性有充分的认识和理解，如图4-20所示，该吸尘器的弯曲工艺较难处理，需要充分考虑材料的力学

图4-20　弯曲法的设计应用——吸尘器

性能、热处理状态、造型弯曲角的大小等诸多因素。在塑料的弯曲工艺中，需要实时掌控好动、定模的温度，确保充足的冷却，经过前期的分析与准备后才能更好地将起伏变化的造型融入产品中，通过对形态进行弯曲、扭曲来造就产品的空间感与韵律感。

4.1.9 生活用品

以图4-21的行李箱推演过程为生活用品案例，设计师以方体为基本形态先将行李箱的正面、侧面、顶面三个面的三视图进行分析研究，再依次将这三个面的透视图按照各个面的位置分别进行了深入的形体推演，最终将所得而来的行李箱新造型进行功能步骤的区分演示，经过这样缜密的推演流程后，新的方体造型行李箱应运而生，该产品在外观造型和内部功能上不仅能够满足用户出行的便捷，更是增加了该产品的人性化设计，吸引消费者的眼球。

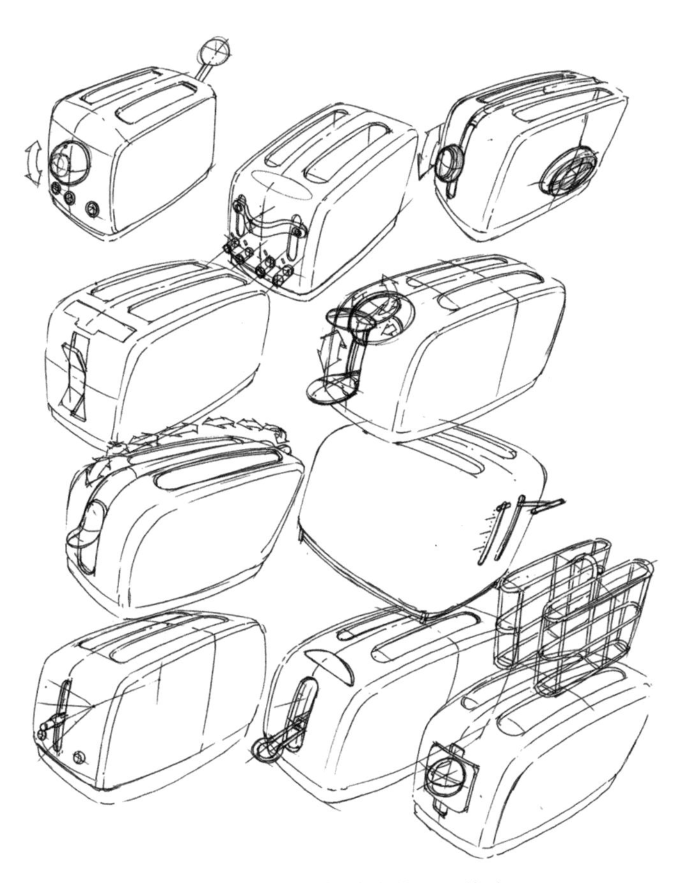

图4-21　行李箱的方体造型推演

以该行李箱设计推演过程为代表的各类生活用品都是针对不同人群拥有着不同的人性化功能设计，以提高人们的生活质量为目标来进行形体推演与产品造型再创新。如图4-22所示，行李箱的整体造型都以方体这一基本形为出发点，运用前文所述的分割、削减、叠加、倒角、弯曲等设计方法为指导，进一步深化行李箱的外观造型。

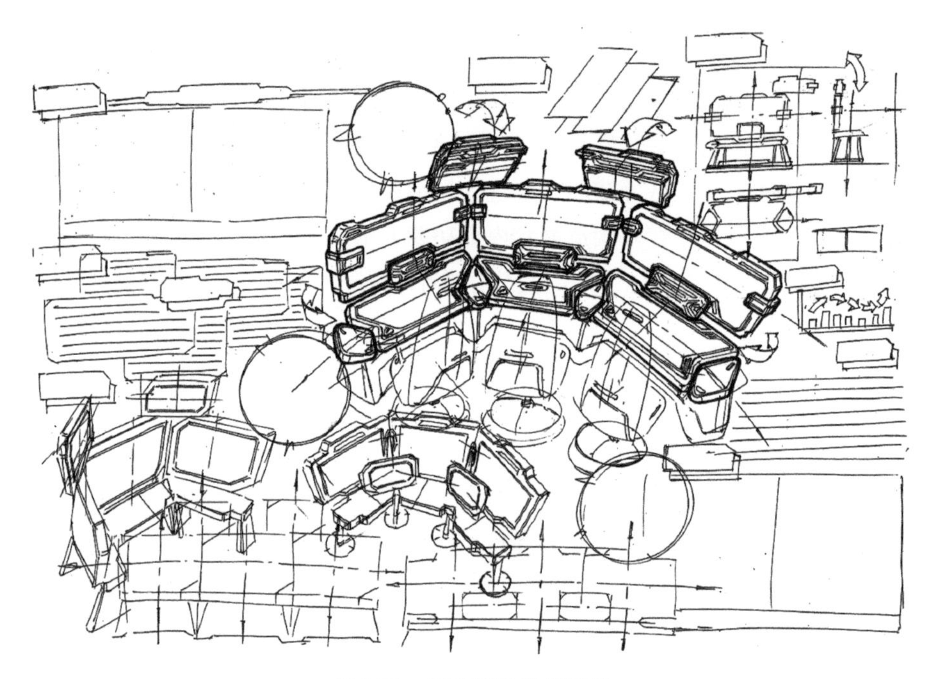

图4-22 行李箱的造型设计

4.1.10 方法六：包裹法

包裹法是产品推演设计中较为常见的一种形体推演设计方法。顾名思义，包裹法就相当于给产品穿上了一层外衣，主要是用来凸显产品的层次感，丰富形体美感。以图4-23为例，该护理车的产品外观造型通过包裹法的修饰能够表达出一种包围、环绕的产品视觉效果，突出重要的交互区域或者功能区域，再用不同的材质来表达形体价值，以一种当今流行的造型风格手法来优化产品内外部结构，以体现护理车的安全性。

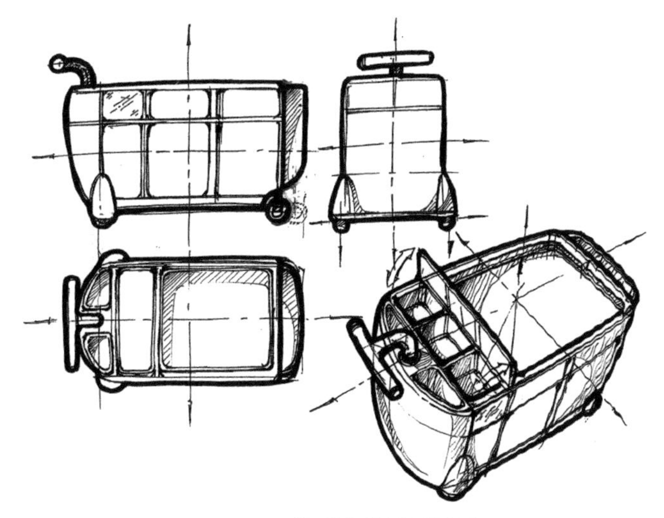

图4-23　护理车的造型设计

包裹法的设计灵感来源于蚕蛹、包粽子等，这是一种非常重要的设计方法，如图4-24所示，该手推车的包裹感大都以三面包裹形成开口之势，来营造出一体感，通过两面或者三面的车体环面叠加来形成弯曲的包裹面，不仅丰富了车体的饱满度，还恰到好处地突出了手推车的操控区域及功能界面。若是后期加入材质的优化升级，产品本身的一体感机理将再次提升整体造型的美感与韵律。

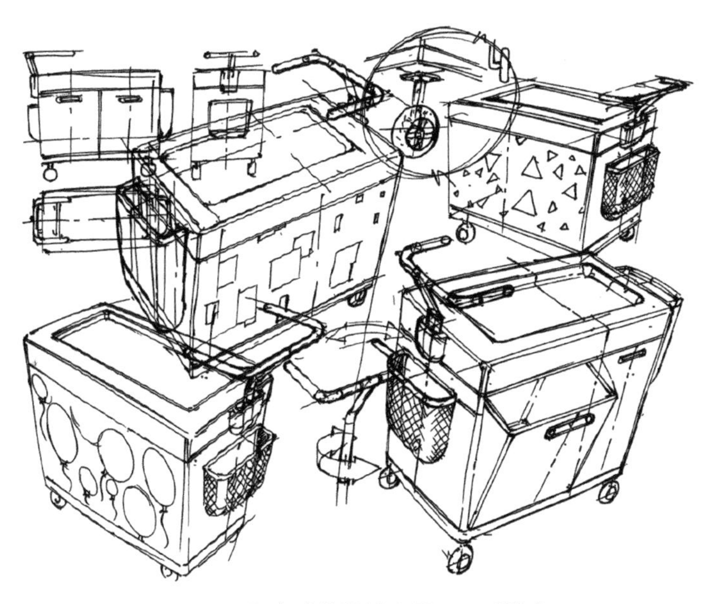

图4-24　包裹法的设计应用——手推车

4.1.11 方法七：平面立体化

前文所述的包裹法大多适用于整体外观造型的修饰及美化，而对于产品外观同样举足轻重的还有产品外观造型的细节处理上，而与上述形体推演方法不同的是，平面立体化的设计手法就是主要运用在产品细节的处理上，每当我们遇到大块面造型而不知道如何处理的时候，这个方法就可以起到至关重要的作用。如图4-25所示，设计师不仅在推车的整体外观造型上进行了平面立体化的设计，还在产品外观细节上进行了深入处理，将单一平面进行叠加组合产生结构美感，使得推车的造型更富层次感，整体、美观。

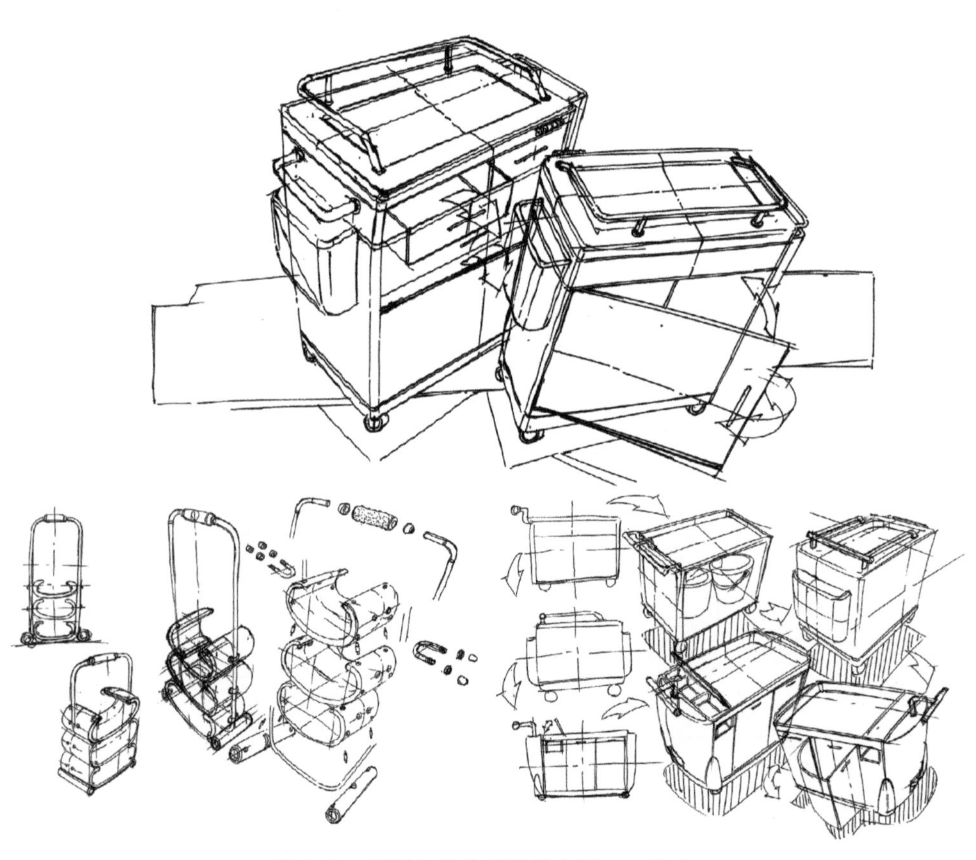

图4-25　平面立体化的设计应用——推车

如图4-26所示，平面立体化的造型处理模式即针对推车的大面进行反凹、凸起、形变等结构化处理。在突出外观造型形态的同时，还可以增加产品层次感。通过推车外观形态的嵌面处理，以凹凸的块面感形成特定的形态记忆，在形体推演的过程中不断强化立体化设计方式的使用频率及模式，优化产品整体结构与功能。在细节处理上，平面立体化的设计手法多用于操控区域、功能界面等，赋予了该推车美学上的视觉补偿（图4-27）。

总的来说，形体推演产品设计的方法与技巧还有很多，但究其根源则都是为了使产品的外观造型能够更好地服务于功能。本章节以方体为形体推演的基本形进行了深入的剖析，在各类日常产品案例的设计中总结了各种形体推演方法的使用方式与规范，综合运用了形式美法则和形体推演规律对各类产品进行了形体的再创新分析。

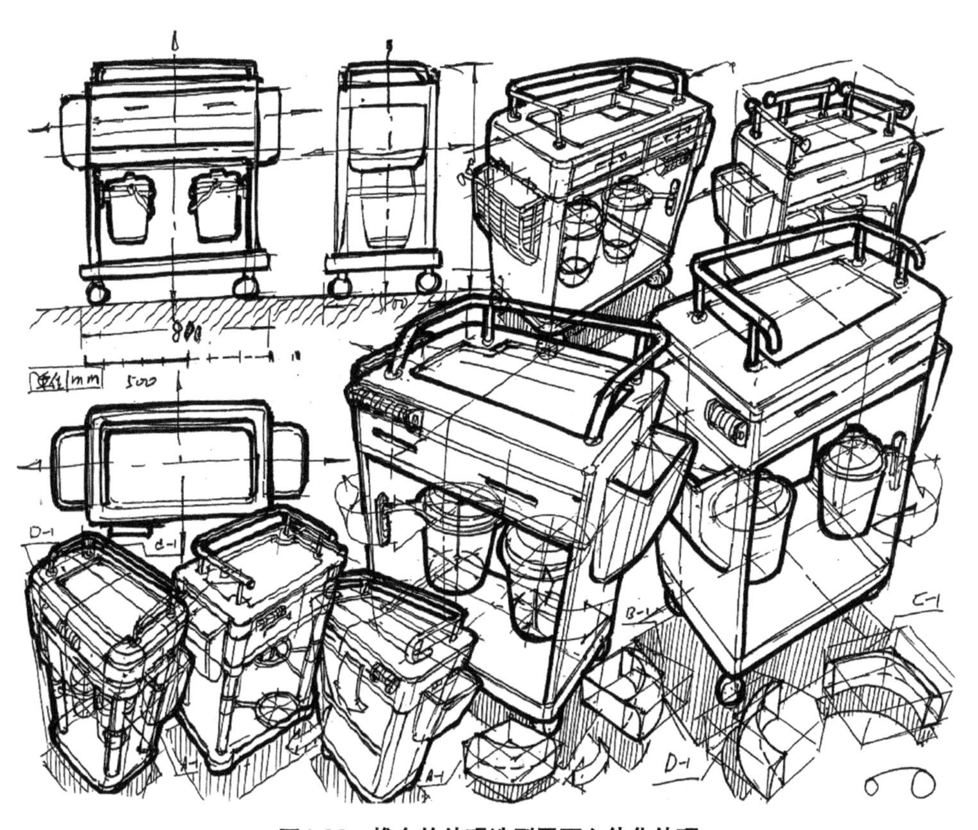

图4-26　推车的外观造型平面立体化处理

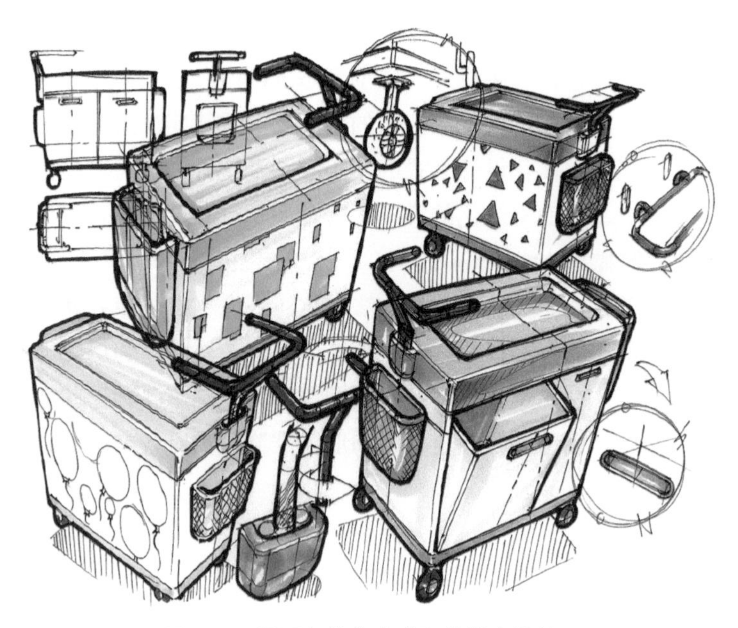

图4-27　平面立体化方式下的推车设计

设计师需要尽可能地尝试多去理解一些好的设计、好的造型背后的设计逻辑关系，多做一些类似的总结，日积月累后方可熟能生巧。

思考与练习

1. 熟练并掌握产品设计中形体推演的七种基本方法。
2. 想一想，在产品设计中，各种形体推演方法之间有哪些异同点。

4.1.12 材料工艺与形体推演方法的关系

材料是形体推演产品设计的物质基础，材料和工艺是产品设计的物质技术条件，是实现产品设计的必要前提，两者相互促进，融合发展。任何产品都是由材料组合而成的，任何设计也都必须建立在材料工艺的基础上。因此，设计师在形体推演的过程中要充分掌握好各种产品材料与制作工艺的灵活运用，在提出符合美学的新造型时，要同时考虑到现有材料是否能够通过特定的制作工艺达到最终的设计效果。如图4-28、图4-29所示，方体产品在形体推演的全过程中都将材料与工艺融会贯通于每个设计过程及设计细节中，这样循序渐进的推演方式才能够让整个产品从设计到落地都变得更加科学、严谨、自然、美观。

回顾前面所学的各类形体推演方法，我们不难发现，形体推演设计的关键是通过材料与工艺转化为实体产品。反之，材料与工艺又能通过形体推演设计中的各类方法的灵活应用来实现产品整体材料工艺的价值，无论是何种产品，只有将选用的材料性能特点及其加工工艺性能相统一，才可以实现最终的设计目的和要求。

首先，对于线分割法来说，在形体推演产品设计的过程中，为了创作出造型更加别致的产品，设计师们经常会考虑到点、线、面等构成要素的分割作用，以

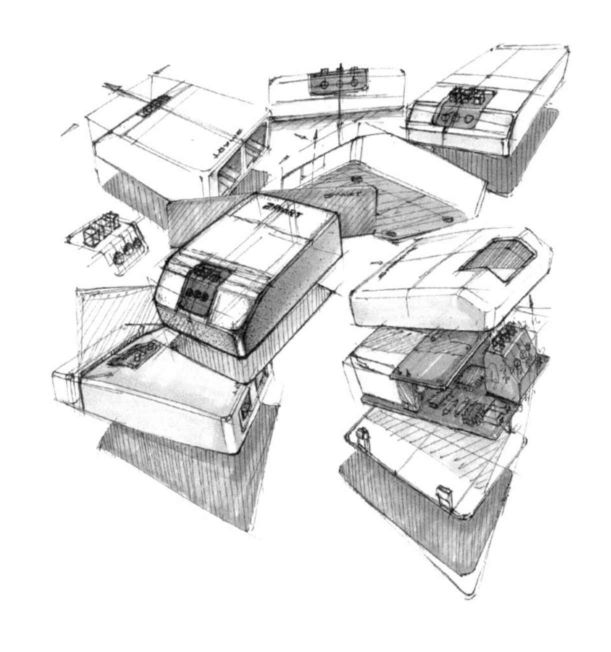

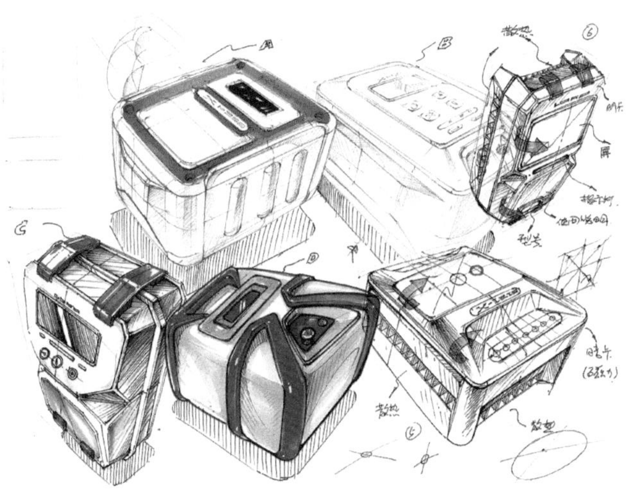

图4-28　方体产品形体推演中的材料工艺

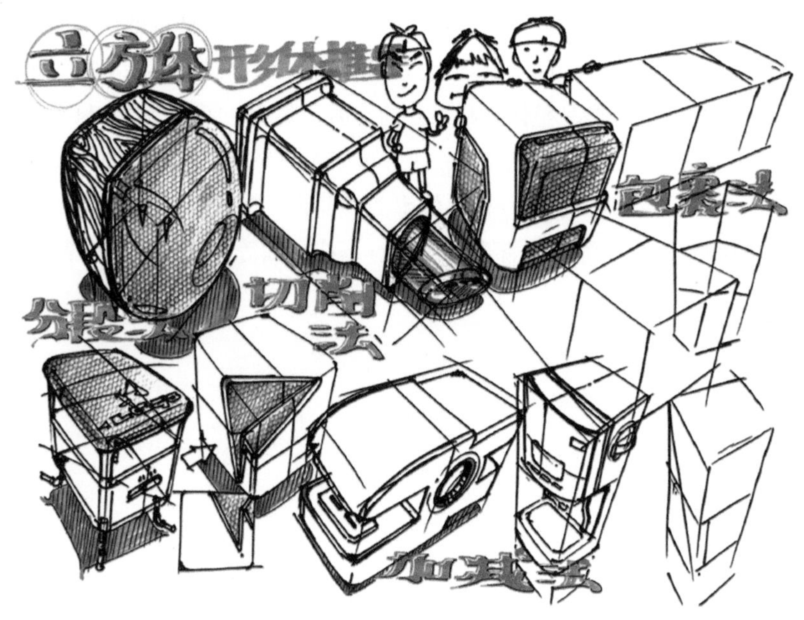

图4-29　方体的形体推演方法

这些产品细节来优化产品造型。分割法是一种产品美学的平衡，只有对模具、材料、加工工艺、装配要求、审美要求等各方面都有更加深刻的了解，才能分割出好的产品。

其次，相较于分割法，削减法与材料工艺之间的关系又略有不同，削减法是对基本形加以局部的切削，使造型产生面的变化，根据实际切削的产品部位大小、数量、弧度的不同来构造千变万化的造型。但在切削前，设计师需要充分了解产品的尺寸及构造，并对产品的最终材料的使用进行初步决策，在坚持形式美原则的同时，还应运用一定的成型工艺手段对产品造型进行综合分析，既要讲究面的对比效果，又要追求产品整体的统一，这样才不会显得零乱琐碎。

最后，我们再来分析一下在形体推演的过程中使用弯曲法时的材料与工艺的具体情况，对于产品设计而言，弯曲法的工艺是较难处理的，设计师们需要充分考虑到材料的各类性能、曲线方向、板料表面和冲裁断面的质量等。其中，较为常见的就要数前文所讲到的塑料的弯曲工艺了，设计师要重点关注产品注塑和成型的各项指标和关键步骤，实时把控好温度和速度。在使用弯曲工艺时还要注意采取扩大变形区域以减小外缘纤维的拉伸率，可预先进行退火，对于比较脆的材料及比较小的厚度，设计弯曲件的弯曲半径可以大于其最小弯曲半径来应对产品成型时会出现的各类问题，避免弯曲件产生开裂等现象。

综上所述，设计师们在形体推演的过程中应当掌握必要的材料及工艺的知识点，具备基础的产品成型意识；了解材料的基本性能；灵活运用材料工艺知识解决形体推演问题；合理使用并选择适当的材料及工艺；主动发现材料的自然美，将材料工艺与产品造型进行有机统一。总的来说，产品的造型、功能、材料、工艺等都是相辅相成的，只有经过这样严谨的设计推演步骤，所设计出来的产品才会更受到消费者的青睐。

4.2 圆柱产品

在形体推演的过程中，以矩形的一边所在直线为旋转轴，其余三边旋转360°形成的曲面所围成的几何体叫作圆柱体。我们可以把圆柱理解为一个有厚度的圆。

如图4-30所示，在吹风机的形体推演过程中，起稿需画出吹风机造型的大体轮廓线，注意区分主次关系，明确吹风机形体的具体轮廓和断面线，从整体塑造吹风机的形体转折和体积感。准确利用前文方体产品学习中所学到的方法一（线分割法）和方法五（弯曲法）详细绘制电吹风的细节特征，明确各个产品体面上的分模线，依次将画面内每个电吹风的体积感都表现出来。

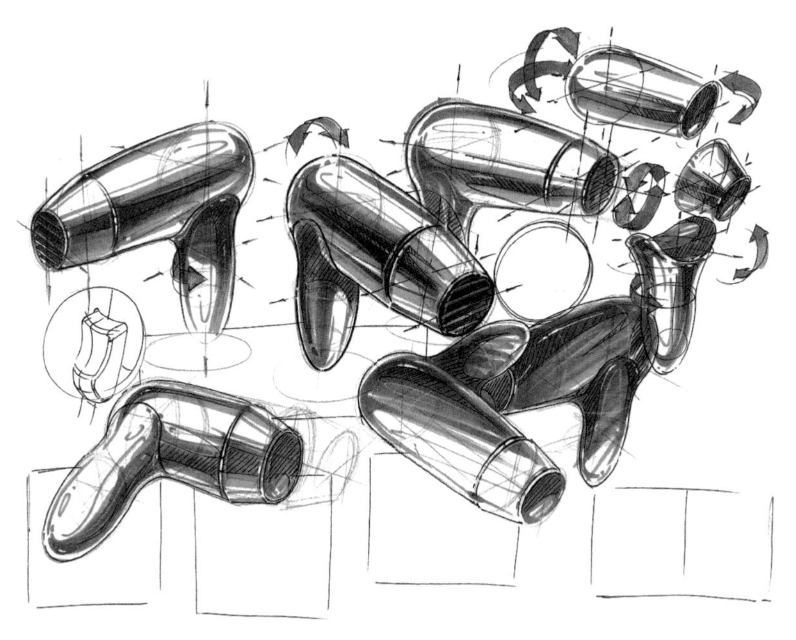

图4-30 吹风机

在垂直圆柱体（当圆柱的轴垂直于水平面时，我们称这种圆柱体为垂体圆柱体）的推演过程中，我们需要用到的则是方法一（线分割法）与方法二（削减法）的有机结合。如图4-31所示，首先要分析出电热水壶的大体轮廓及断面线位置，明确各个电热水壶体面上的分模线、壶嘴、把手、壶盖等基本特征，并利用上述两种方法从整体推演出产品形体的转折和体积感，结合细节部分的分析与描绘，勾勒出完整的产品效果。

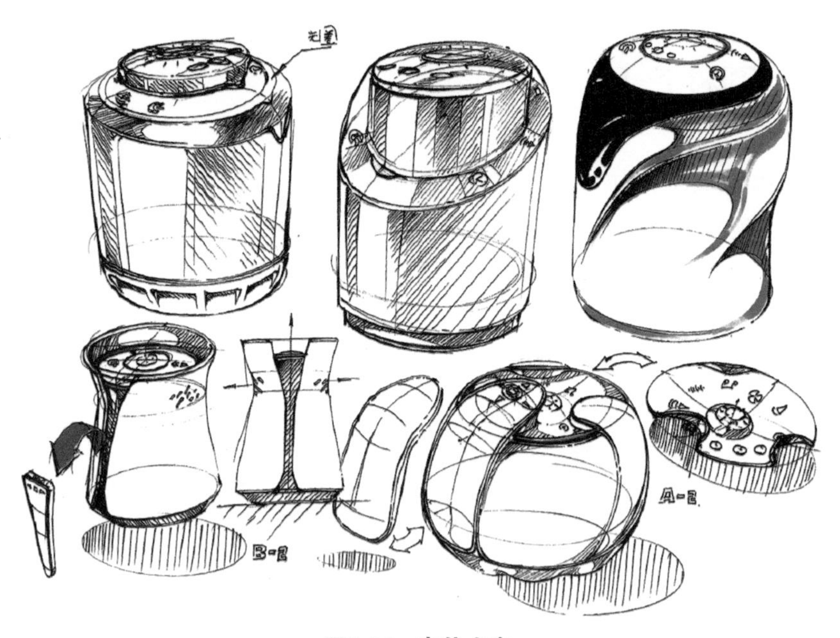

图4-31　电热水壶

一个好的垂直圆柱体产品，其推演的过程也必定是精简的。以图4-32中电熨斗的推演过程为例，一个垂直圆柱体通过精简的形体推演，利用方法二（削减法）和方法四（倒角法），在尝试不断的形体变换后演化为一个电熨斗的产品造型，在明确电熨斗形体的具体轮廓和断面线的同时，逐步推演出电熨斗把手的凹槽、旋钮和按钮等部位的细节特征。突出产品的实用性和审美性。

圆柱体的顶面和底面是大小相等的圆形，但在透视中，顶面椭圆与底面椭圆的短轴却是不同的，俯视角度的时候，圆柱顶面的短轴比底面的短轴要短。如图4-33所示，饭盒的形体推演过程就利用了这一基本特点并结合了方法三（叠加法）与方法四（倒角法）的形体推演方法将原本独立的单体饭盒组合成了完整的柱体饭盒形态。

图4-32　电熨斗

图4-33　饭盒

认识完简单的圆柱体产品推演，再来看看复杂的圆柱体产品推演过程有何不同之处，如图4-34所示，该瓶子的推演方法也如出一辙，在方法一的基础上进行了一定的方法四的运用，使得整个柱体造型更加饱满，富有设计性。如图4-35所示，机件的推演结合了方法一（线分割法）、方法二（削减法）、方法三（叠加法）、方法四（倒角法）和方法五（弯曲法）等主要的五种形体推演方法，从整

图4-34　瓶子

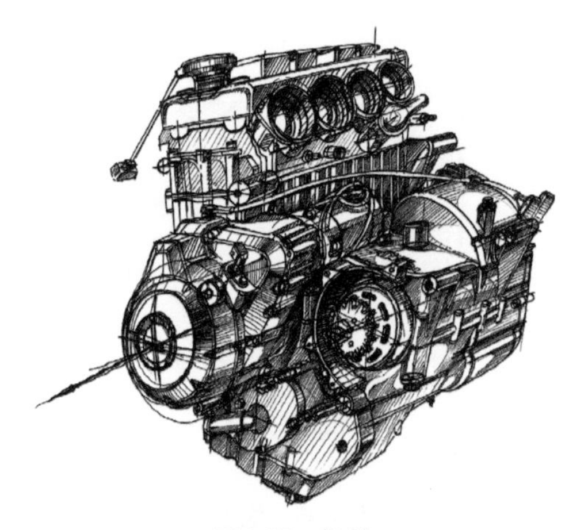

图4-35　机件

体塑造了该产品造型的体积感，并在细节零件的叠加与局部削减上形成了有机统一，使整个产品的推演过程更加丰富、完整。

当圆柱的轴平行于水平面时，我们称这种圆柱为水平圆柱体。不论水平圆柱体是什么角度，圆柱的轴始终与椭圆的长轴垂直。如图4-36的手柄和图4-37的剃须刀都是水平圆柱体的推演过程，因此，我们在水平圆柱体的推演时，可以先确定圆柱轴的方向，因为它更加直观，然后再画一根垂直于轴一端点线段作为椭圆长轴，画出大体轮廓线和必要的断面线，在逐步推演的过程中，整体塑造产品的形体转折和体积感，使得整个产品的结构和细节特征更加明确。

在整体了解了垂直圆柱体和水平圆柱体的推演过程后，我们还需在圆柱体的推演时注意哪些呢？在圆柱体的推演过程中，我们要注意在刻画的起稿阶段，需多考虑画面的主次处理，画出产品造型的大体轮廓线和必要的断面线，明确出产品形体的具体轮廓和断面线，刻画出局部特征，整体塑造产品的形体转折和产品的体积感，明确产品各个体面的分模线。在对水平圆柱体进行推演的过程中，如图4-38所示，该音箱的设计主要运用了方法一（线分割法）、方法四（倒角法），在细节刻画上运用了方法七（平面立体化）等推演手法对音箱外观细节进行了深入的处理，使得整体造型更富层次感。因此，在圆柱体的推演过程中要统筹兼顾起稿与详细绘制的细节处理，利用多种推演方法进行综合分析与造型拓展。

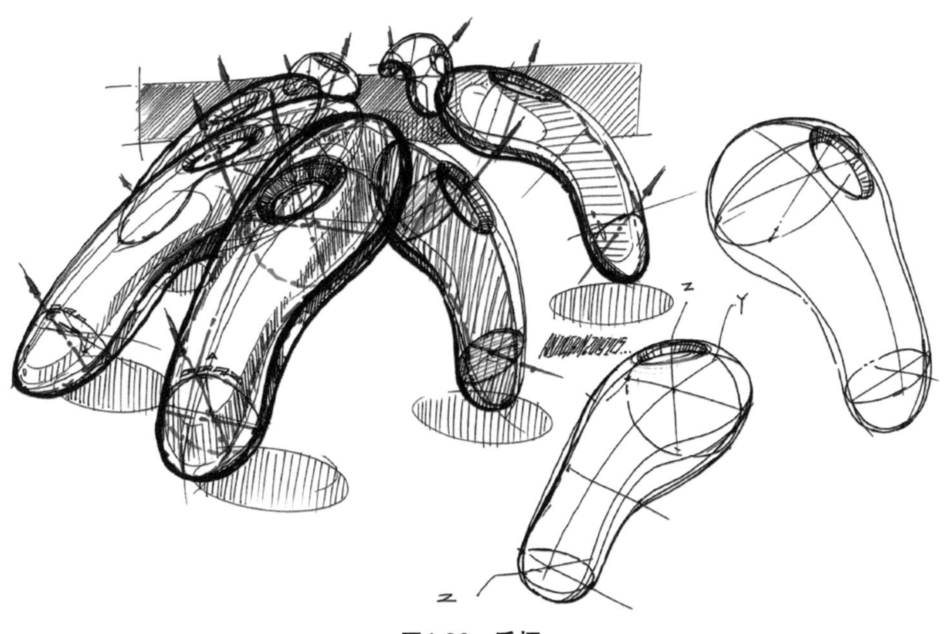

图4-36 手柄

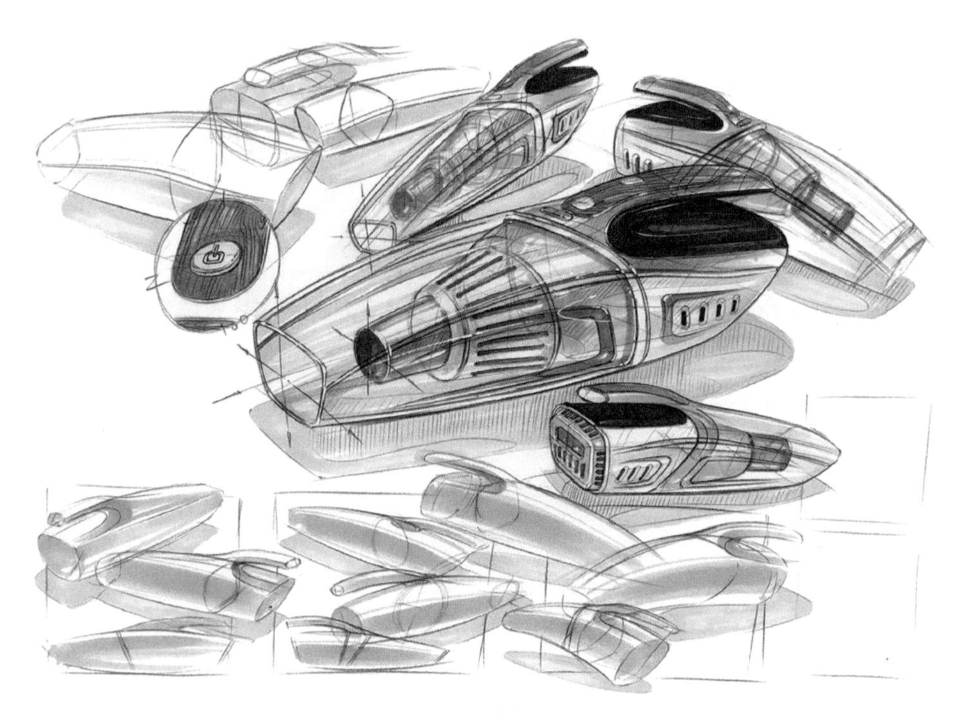

图4-37　剃须刀

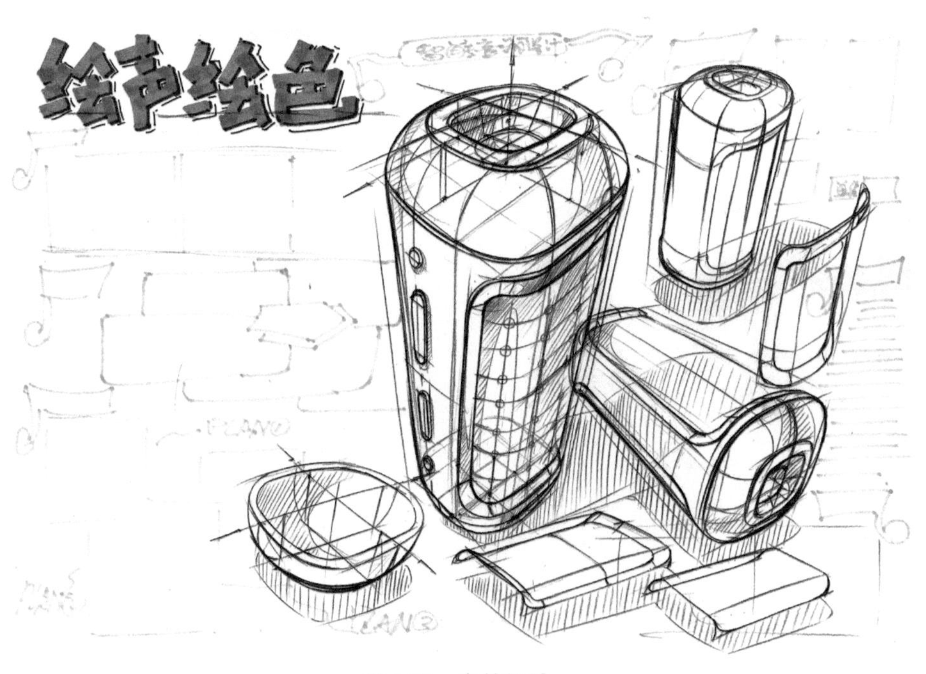

图4-38　音箱设计

思考与练习

1. 熟练掌握形体推演过程中圆柱产品的推演方法。
2. 分析学习生活中以圆柱作为基础造型的产品，并进行产品推演的手绘练习。

4.3 球体产品

在形体推演的过程中，一个半圆绕直径所在的直线旋转一周所形成的空间几何体叫作球体。球体非常特殊，球体有无数条穿过球心的轴；球体的截面是一个透明圆，即椭圆形。球体表面覆盖着曲面。

如图4-39所示，在加湿器的形体推演过程中，起稿需画出加湿器造型的大体轮廓线，注意区分主次关系，明确加湿器形体的具体轮廓和断面线，从整体塑造加湿器的形体转折和体积感。

图4-39 加湿器

准确利用前文方体产品学习中所学到的方法二（削减法）、方法四（倒角法）以及方法五（弯曲法）详细绘制加湿器的细节特征，明确各个产品体面上的分模线，依次将画面内每个加湿器的体积感都表现出来。

如图4-40所示，球体单从外轮廓线看，无论哪个角度球体的轮廓都是一个平面圆形，所以，在球体产品的形体推演过程中，一定要画中线、透视线等辅助线，或者用明暗关系来强调球体的立体感。此外，如果想确定球体的视角，也必须通过截面的结构线来说明，虽然这并不影响球体的外轮廓，但在球体的推演中有外接附件的影响时，结构线就显得尤为重要，这也为前文所述的七种形体推演的方法拓展提供了理论依据。

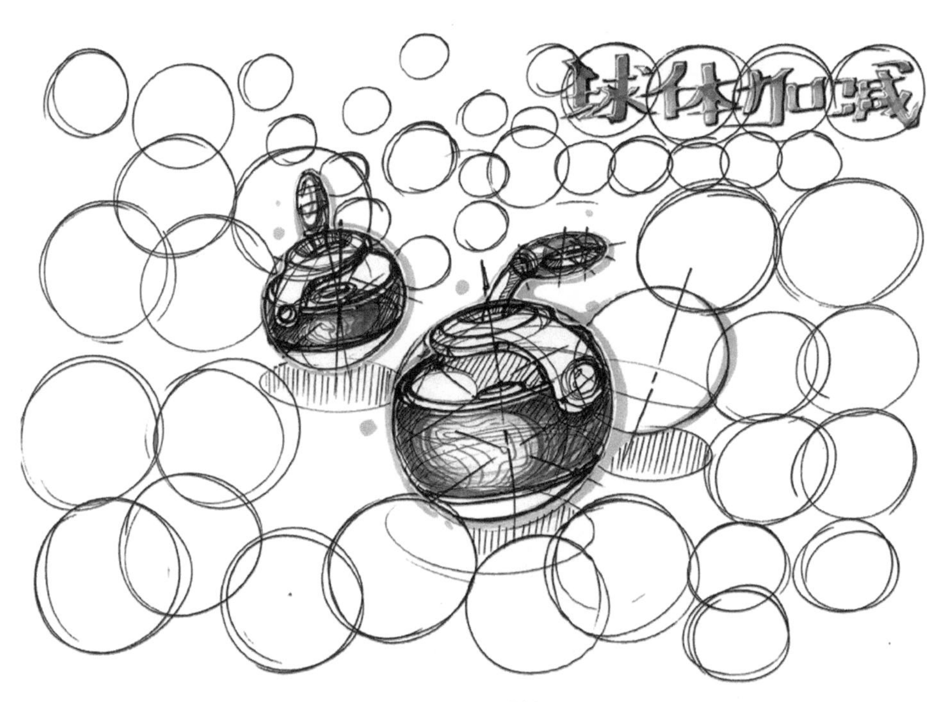

图4-40　球体

学习了解了球体产品的基本推演知识，分析完简单的球体产品推演，接下来让我们一起来研究一下复杂的球体产品推演过程有何不同之处，如图4-41和图4-42的球体产品推演所示，整个推演过程结合了方法一（线分割法）、方法二（削减法）、方法三（叠加法）和方法四（倒角法）等主要的四种形体推演方法，其从整体塑造了该产品造型的体积感，并在细节零件的叠加与局部削减上形成了有机统一，使整个球体产品形态更加丰富、美观，富有创意。

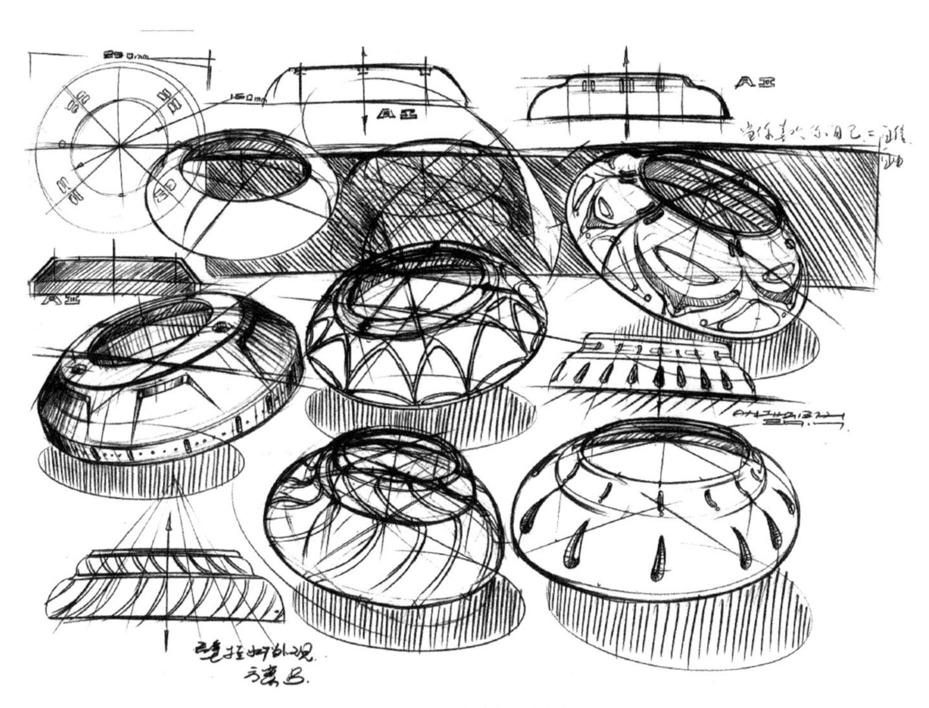

图4-41 扫地机器人

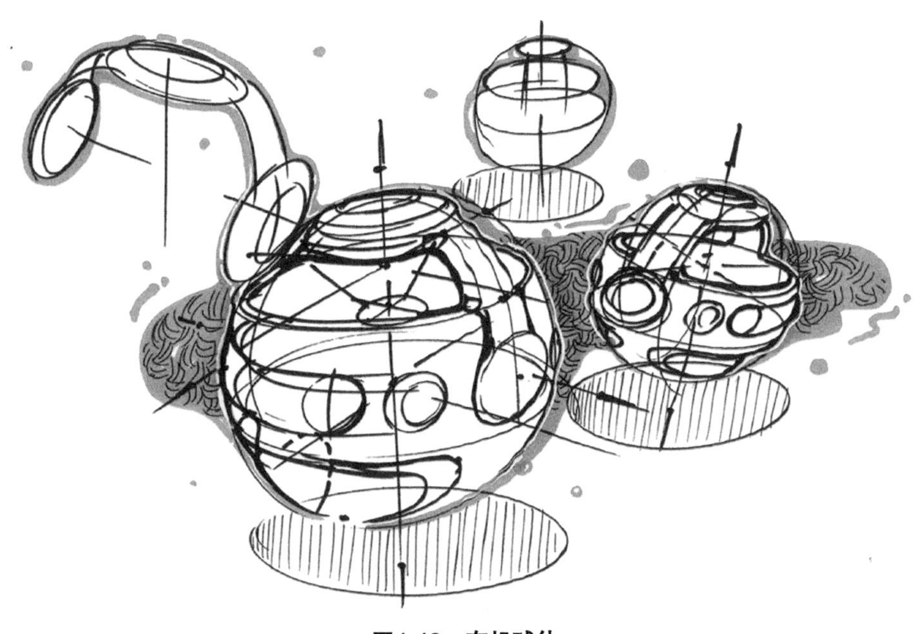

图4-42 有机球体

在产品设计中，许多产品的造型推演都会借鉴球体，并在球体的基础上做出一些形体的改良。以球体为产品基本造型能够使整体产品更加圆润、饱满。如图4-43和图4-44的摄像头即刻画出了球体造型与产品设计的有机结合，产品更加完整可观。

图4-43　摄像头1

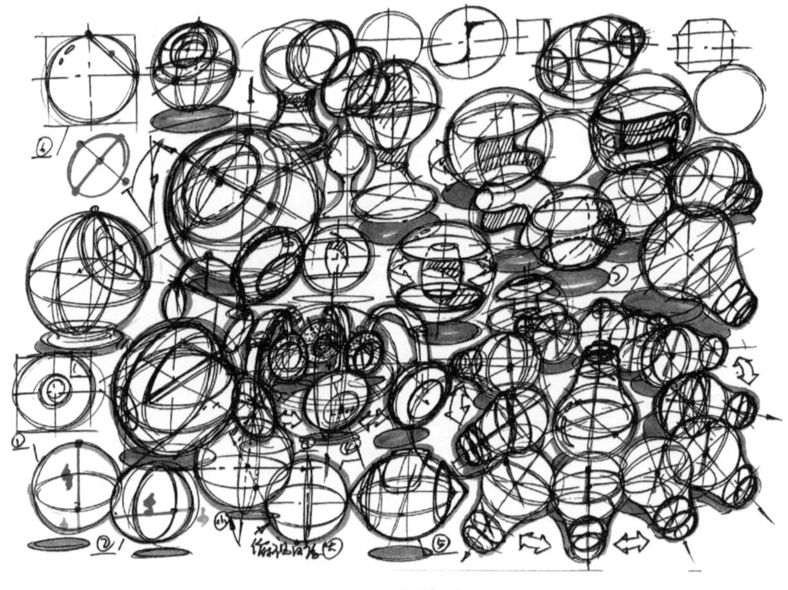

图4-44　摄像头2

如图4-45所示的球体产品设计，其作为剃刮胡须的用具。属于自我服务型工具，用于面部清理等多功能用途，多为成年男子使用。从该产品的使用人群和使用环境可以看出，该产品将贴于脸部进行作业，而球体的360° 全面环切能够使得机械刀片更加贴合面部轮廓。因此，为了保证剃须效果，产品整体采用了球体造型的推演方式结合了多种产品设计形体推演方法。图4-46陀螺的设计推演方法也相得益彰。

图4-45　剃须刀

图4-46　陀螺

在实际的球体产品造型推演中，完全以规范的圆形、球体等几何形体造型存在的产品并不多见，更多的是将这些几何体造型作为基本型，然后进行形体的修饰或变形，形成了最终的几何体之间的相互交融与组合，如图4-47所示的泳池灯也是以球体为基本型，运用各类形体推演方法演化而成的新的产品设计造型。

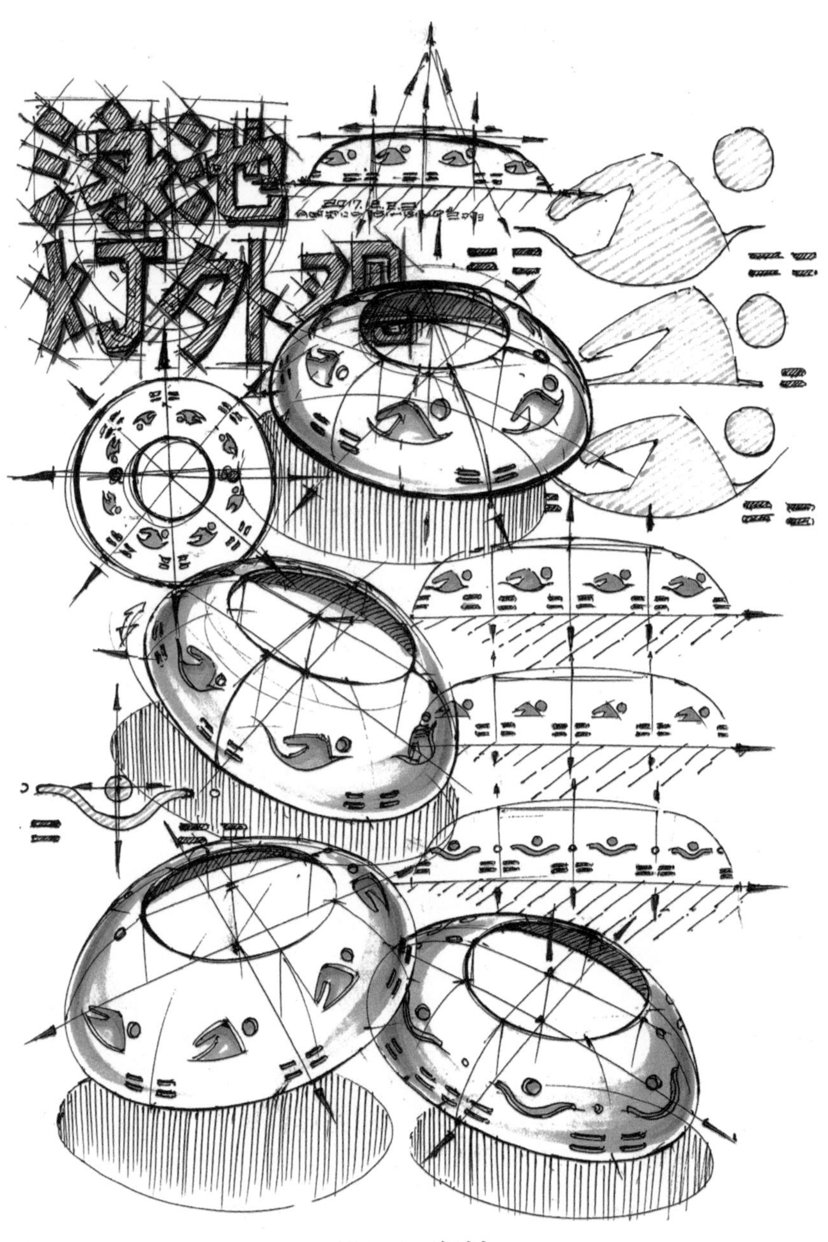

图4-47　泳池灯

思考与练习

1. 熟练掌握形体推演过程中球体产品的推演方法。
2. 分析学习生活中以球体作为基础造型的产品，并进行产品推演的手绘练习。

4.4 锥体产品

在形体推演的过程中，由圆的或其它封闭平面基底以及由此基底边界上各点连向一公共顶点的线段所形成的面所限定的几何体叫作锥体。锥体包括圆锥、棱锥等在内的空间立体图形。

如图4-48所示，在体重计的形体推演过程中，起稿需画出体重计造型的大体轮廓线，注意区分主次关系，明确体重计形体的具体轮廓和断面线，从整体塑造体重计的形体转折和体积感。准确利用前文方体产品学习中所学到的方法一（线分割法）、方法二（削减法）和方法五（弯曲法）详细绘制体重计的细节特征，明确各个产品体面上的分模线，依次将画面内每个体重计的体积感都表现出来。

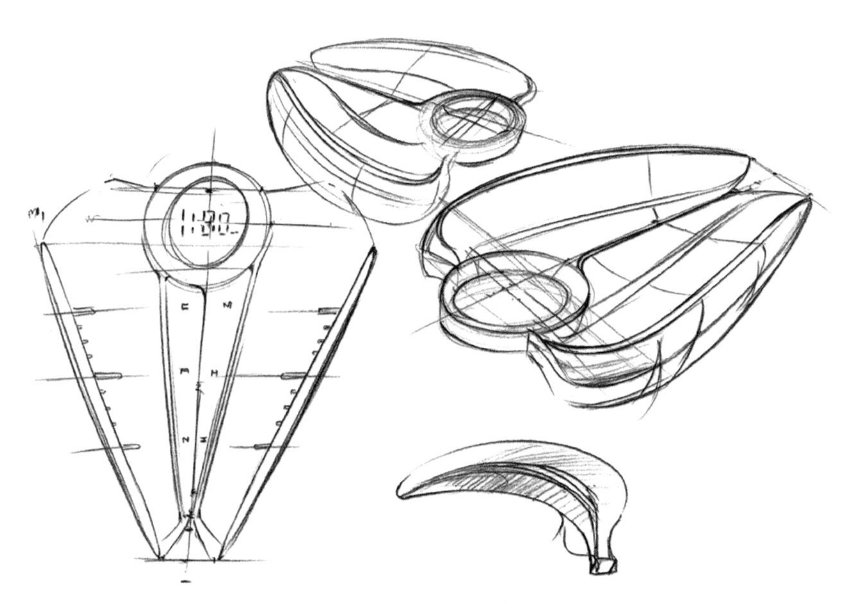

图4-48 体重计

圆锥体是平面上的一个圆以及它的所有切线和平面外的一个定点所确定的平面围成的形体。在此类产品造型的推演过程中，我们需要用到的是方法一（线分割法）、方法二（削减法）与方法三（叠加法）的有机结合。如图4-49所示，首先要分析出水管的大体轮廓及断面线位置，明确其基本特征，并利用上述三种方法从整体推演出产品形体的转折和体积感，结合细节部分的分析与描绘，勾勒出完整的产品效果。

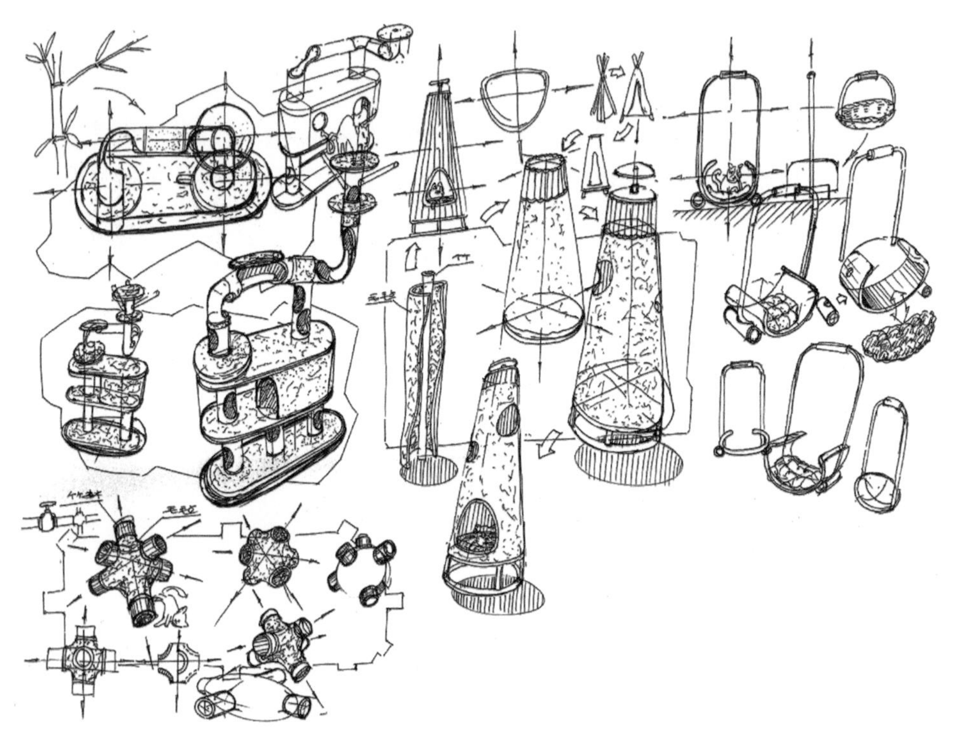

图4-49　水管

在锥体的造型变换与推演中，最为常见的就是圆锥体的产品造型设计与推演，因此，我们在推演前一定要清楚了解到圆锥体的基本特性会对产品的造型演变产生哪些影响。圆锥体有一个圆形的底面；圆锥体有一个中轴，穿过底面的圆心与圆锥的顶点；圆锥体是对称的形体，圆锥体底面的圆的直径，与顶点相连形成的等腰三角形，可以将圆锥体一分为二。根据它的基本特征，我们可以清晰地认识到，在该类型产品的形体推演中我们需要用到方法一（线分割法）、方法二（削减法）、方法三（叠加法）与方法四（倒角法）等基础推演方法。如图4-50所示的猫碗架正是以圆锥体为原型经过一系列的形体推演后所得出的完整产品，其造型与其他同类产品相比更加新颖奇特，富有设计感。

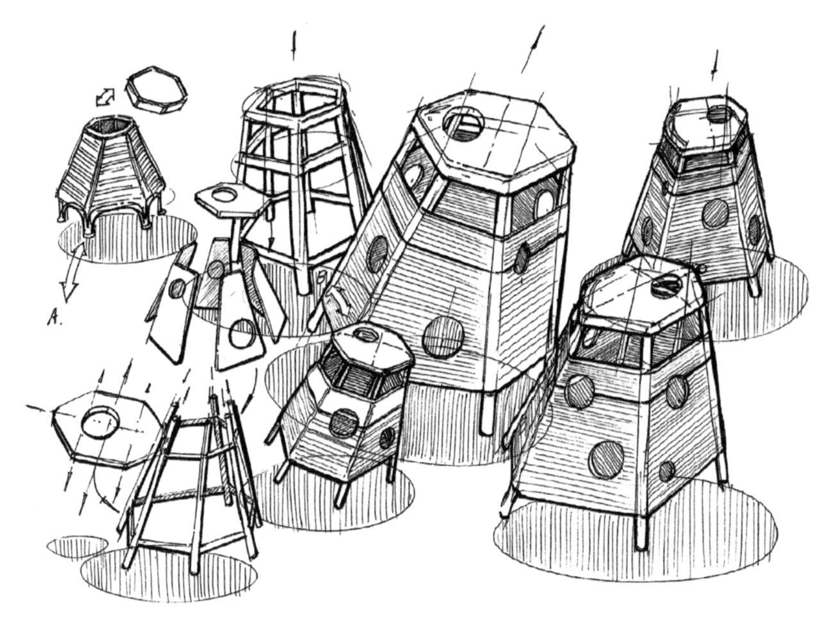

图4-50　猫碗架

思考与练习

1. 熟练掌握形体推演过程中锥体产品的推演方法。
2. 分析学习生活中以锥体作为基础造型的产品，并进行产品推演的手绘练习。

4.5 椭圆体产品

在形体推演的过程中，椭圆是圆锥曲线的一种，即圆锥与平面的截线。椭圆的周长等于特定的正弦曲线在一个周期内的长度。

如图4-51和图4-52所示，在椭圆体产品的形体推演过程中，起稿需画出产品造型的大体轮廓线，注意区分主次关系，明确产品形体的具体轮廓和断面线，从整体塑造产品的形体转折和体积感。准确利用前文所学到的方法一（线分割法）、方法四（倒角法）、方法六（包裹法）以及方法七（平面立体化）详细绘制椭圆体产品的细节特征，明确各个产品体面上的分模线，依次将画面内每个产品的体积感都表现出来。

图4-51　餐桌

图4-52　地球仪

在形体推演产品设计中，许多时候几何体都是相互交融于同一产品之中的，它们相辅相成，在组合与分解的不断探索中创造出新的产品形态。如图4-53和图4-54所示的热水瓶的形体推演过程就是典型的圆柱体与椭圆体的有机结合，其

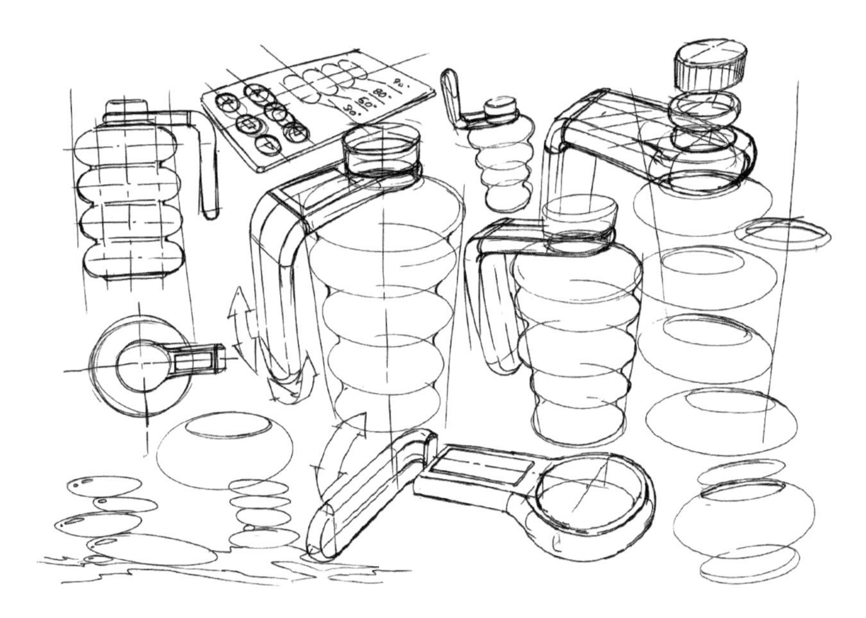

图4-53　热水瓶1

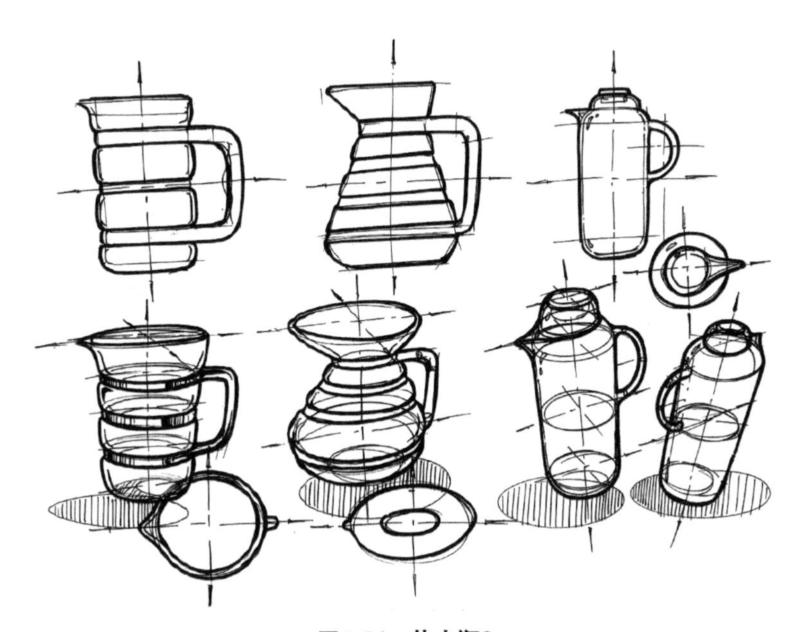

图4-54　热水瓶2

中更是用到了方法一（线分割法）、方法三（叠加法）与方法四（倒角法）等形体推演方法，使得产品整体造型更加饱满、美观。

如图4-55所示，在时钟的形体推演过程中，起稿需画出时钟造型的大体轮廓线，注意区分主次关系，明确时钟形体的具体轮廓和断面线，从整体塑造吹风机的形体转折和体积感。准确利用方法二（削减法）、方法三（叠加法）、方法四（倒角法）和方法五（弯曲法）详细绘制时钟的细节特征，明确各个产品体面上的分模线，依次将画面内每个时钟的体积感都表现出来，使得画面整体更加饱满，富有韵味。

图4-55　时钟

在钟表类产品中有一常见的几何体结构即圆套圆，这是一种较难的结构表达手法，实际上它表现的是圆的组合和它们的空间关系。如图4-56所示，在空间上圆的排列和位置关系的不同，会呈现出不同的圆套圆效果，圆与椭圆的相似特性更是使得整个产品的组合更加清晰明了。对于这些关联着的椭圆，关键是理清楚它们之间的联系，找到对应的参照，配合中线的使用，产生凹陷或凸起的视觉效果。如图4-57所示的蒸脸仪的形体推演设计使得整个产品表面上看起来并不是球体产品，实际上却和圆、椭圆、球体之间有着千丝万缕的关系。透视情况下，虽然透视圆的形状没有改变，但却为产品的整体性提供了辅助作用，让设计师们能够更加直观地了解到椭圆产品的特性与设计潜力。

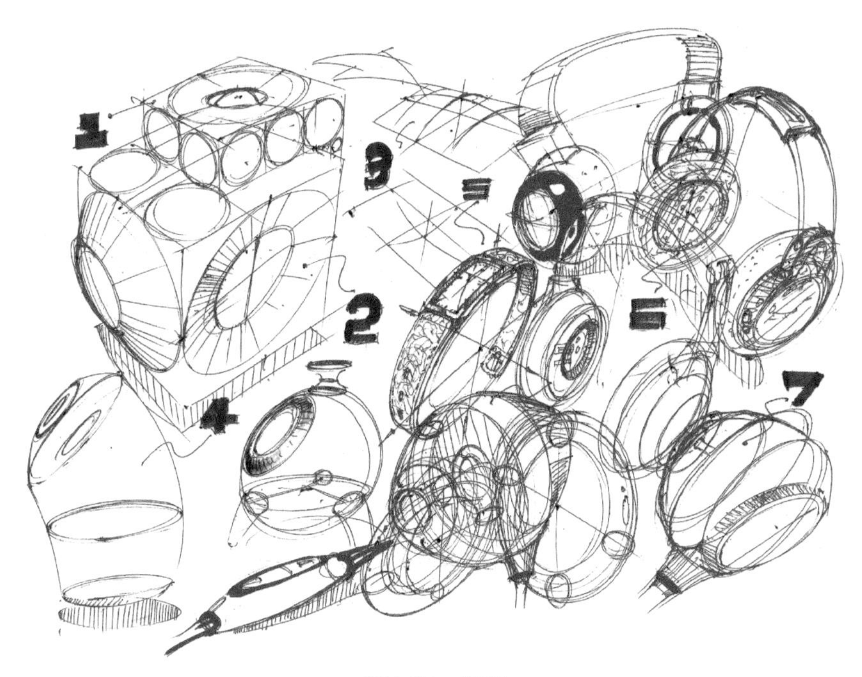

图4-56 手表

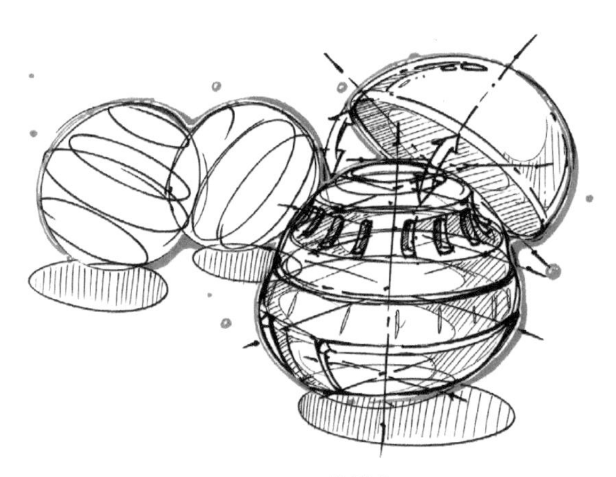

图4-57 蒸脸仪

思考与练习

1. 熟练掌握形体推演过程中椭圆体产品的推演方法。
2. 分析学习生活中以椭圆体作为基础造型的产品，并进行产品推演的手绘练习。

4.6 螺旋体产品

在形体推演的过程中，像螺蛳壳纹理的曲线形即螺旋体。螺旋是一种像螺线及螺丝的扭纹曲线，为一种在生物学上常见的形状，例如在DNA及多种蛋白质中均可发现这种结构，而螺旋体产品在生活中是十分常见的。

如图4-58所示，在水壶的形体推演过程中，首先要把握好水壶造型的大体轮廓线，注意区分主次关系，明确水壶形体的具体轮廓和断面线，从整体塑造水壶的形体转折和体积感。灵活运用方法一（线分割法）、方法二（削减法）和方法五（弯曲法）详细绘制水壶的细节特征，明确各个产品体面上的分模线，并依次将画面内每个水壶的体积感都表现出来。

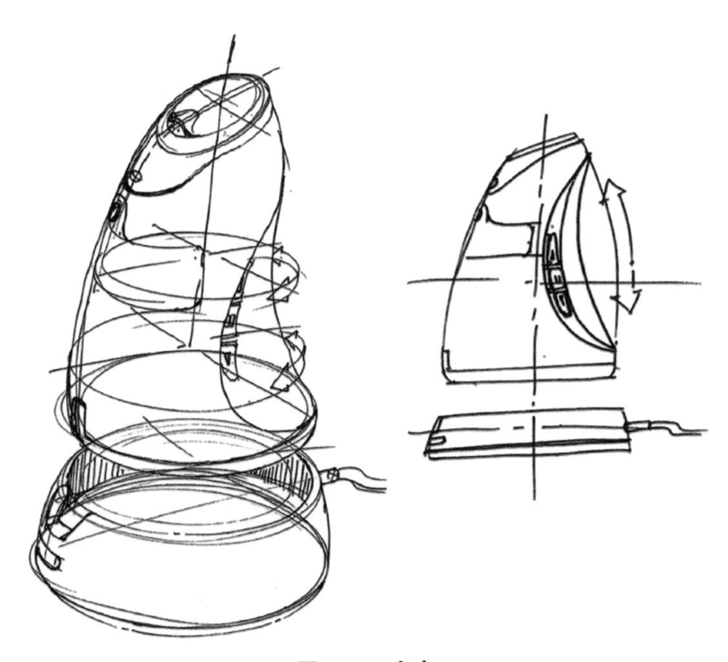

图4-58　水壶

图4-59所示的螺旋体梳子也同样运用了上述方法进行整体的产品推演与细节刻画，以小见大，化繁为简。通过分析梳子的造型特征，将其归纳为螺旋体和椭圆体按照一定的比例和位置组合在一起的新形态，将复杂的产品形体转化为简单的形体理解，适当添加一定的细节与功能的设计，使得整体产品更加科学、完整。

如图4-60和图4-61所示的鼠标的形体推演，是一种综合形体的推演与创新过程。

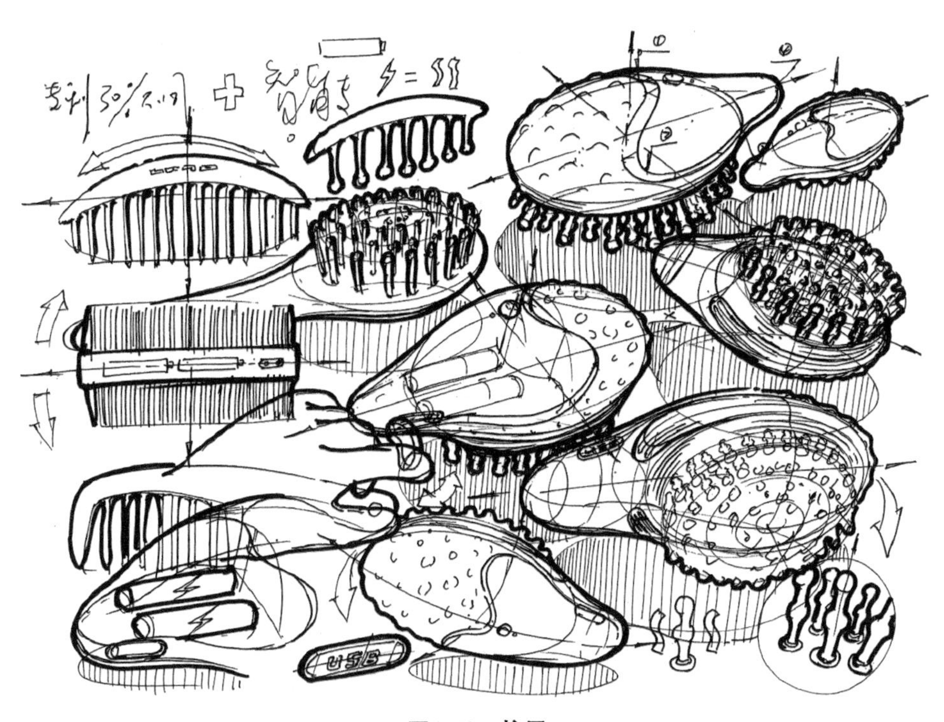

图4-59 梳子

图4-60 鼠标1

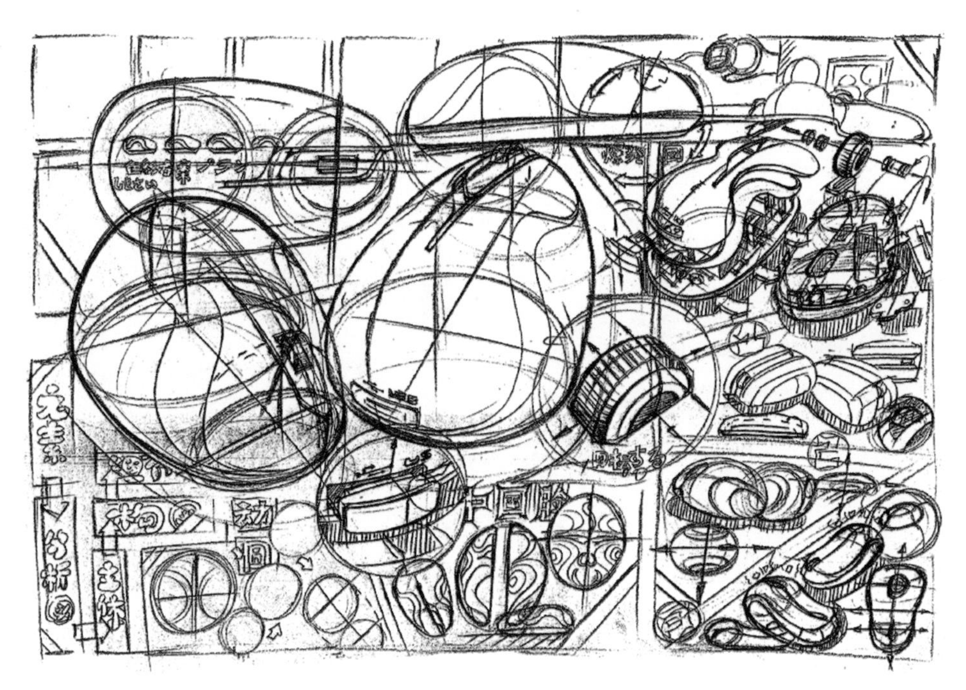

图4-61　鼠标2

在实际产品造型中，完整规范的方体、圆柱、球体、锥体、椭圆体和螺旋体等产品几何造型其实并不多见，它们并不是单一存在的，更多的是将这些几何体造型作为基本型，然后进行形体的修饰或变形，也就是几何体之间的相互融合与组合。因此，我们一定要掌握好各种基本型的结构与画法，在未来的产品形态推演设计中更加游刃有余。

思考与练习

1. 熟练掌握形体推演过程中螺旋体产品的推演方法。
2. 分析学习生活中以螺旋体作为基础造型的产品，并进行产品推演的手绘练习。

第5章

产品仿生设计推演表现

5.1 海洋生物仿生

海洋生物大多具有灵动的身躯以及优美的弧线。如海豚的躯干呈纺锤形，皮肤光滑无毛，身体矫健而灵活。如图5-1，抓住此特征可以进行直升机的仿生推演。

图5-1　海豚仿生1

从产品仿生设计推演的角度来看，直升机产品需要有灵动线条以及轻快的外观感受，海豚的特点正好满足。

如图5-2，在进行仿生设计推演的过程中，要注意对海豚形态结构整体的把握，不可吹毛求疵，对尾部可以适当夸张。在进行表现的过程中，行笔要果断流

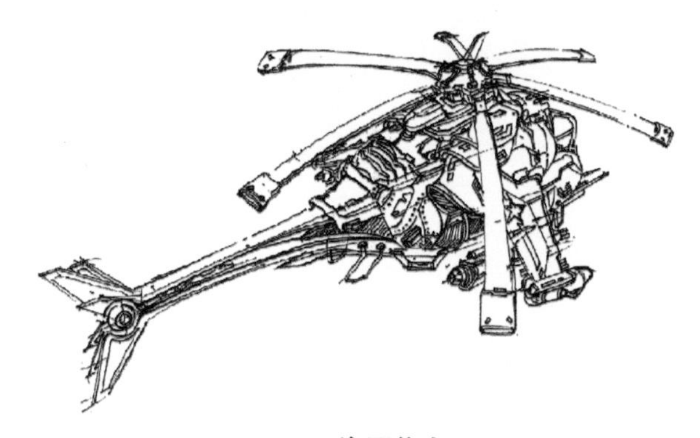

图5-2　海豚仿生2

畅，并对暗部先进行线条归纳，增强体积感。对线条的应用要有弹性，相对较远的线条部分进行虚化，拉开对比。

如图5-3，在进行产品形态结构塑造的过程中，要对海豚生物形态进行深入剖析，对其各个角度的特征进行提取，进行进一步的刻画塑造。

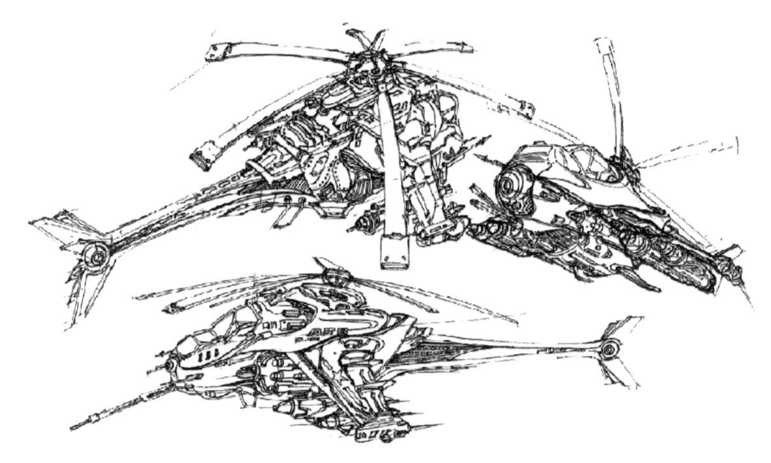

图5-3　海豚仿生3

在进行产品的上色时，如图5-4，可以对生物元素进行灰色的简化上色，将画面的中心点突出在推演的产品上。在选用配色的过程中可以适当地使用对比色，如图中的蓝色和红色。整体颜色使用要协调，可采用大部分灰色来过渡结构，但对暗部要进行加强，拉开亮灰暗三部分的关系，达到画面整体和谐的效果。

图5-4　海豚仿生4

在俯视图刻画中，要注意透视关系的掌控，由近到远的虚实结合。暗部线条要整洁归纳，亮部进行高光留白，增强整体画面的对比。

在生物元素提取过程中，既要有具体特征描述，也要有抽象解读，这样可以极大地丰富画面，提高产品的表现力。

如图5-5所示为鲨鱼仿生推演产品案例。鲨鱼有着雄壮且灵活的身躯。在进行交通工具产品推演的过程中，提取其特征最明显的侧面轮廓线元素，对其进行适当的夸张，更符合流线型的美感，对产品的结构进行优化，阻力较小。

在进行配色的过程中，可以对其暗部和明暗交界线进行深入处理，对亮部可以适当留白来加强产品的对比。对弧形或球形的上色要沿着结构线进行处理，同时可以加入一些充满活力的橙色来表达产品的运动感，使得产品有张力。

图5-5　鲨鱼仿生

螃蟹的身体分为头胸部与腹部。如图5-6，在进行螃蟹生物元素提取过程中要抓住其主要特征：身体、钳子、腿。利用几何形体高度概括出其特征，同时优化结构的转折，避免烦琐，尽量做到轻量化与简洁。在行笔过程中，特别要注意透视关系、近大远小的变化以及弧形的结构转折流畅。在一步步地仿生推演过程中，要全面考虑功能与形态的结合，使得产品在用户使用过程中合理且便捷。

章鱼体呈短卵圆形，拥有灵动的身躯以及多肢的体态特征，适合进行仿生推演成落地产品如图5-7，在仿生推演的过程中，要对其分割结构来提取元素，如球形脑袋和多爪形态。球体作为几何元素用于主体功能的应用，多爪特征用于底座的适配。

图5-6　螃蟹仿生

图5-7　章鱼仿生1

同时要注意二者的大小比例关系，在满足功能基础上注意外观形态的把握，不可头重脚轻。根据此类方法和特征可以进行多个产品的推演和创新，以满足不同产品所需的功能的外观造型。

如图5-8，在产品仿生推演的过程中，我们可以进行适当的夸张，让章鱼生物的形态更加富有动感。在产品推演表现的过程中，要对画面有整体意识，主体和局部要进行对比处理，疏密结合要有逻辑，在结构转折处要虚实结合，行笔果断有力。在透视方面可以根据情况进行适当的加强来给予视觉冲击，增强画面的饱满度和丰富度。对于视图表述要角度合理，相互补充概括，对于重要节点结构部分要加以说明，可以通过箭头等标志来进行视角的引导，保证产品表现的连贯性。

图5-8　章鱼仿生2

5.2 飞禽类生物仿生

如图5-9，啄木鸟大多嘴强直如凿；舌长而能伸缩，先端列生短钩，它的脚稍短，尾呈平尾或楔状，羽轴硬而富有弹性。根据这一特征，我们提取啄木鸟最显著的特征进行产品仿生推演。将啄木鸟的生理形态进行元素的提取，并进行几何归纳。

如图5-10，在产品的推演过程中，再次将局部形态提取成几何元素后，要在外观方面进行片列组合，与之相匹配的树枝状产品也要简洁凝练；在功能方面要符合使用者的使用条件。在创意方面要进行大胆创新，建立与自然的一种默契和谐，加入趣味性元素和与之相配的形态，增强产品的互动性。

在推演产品设计表达的过程中，要有结构爆炸分析，传达出内部结构信息，对视图角度要丰富。

图5-9 啄木鸟仿生形态提取

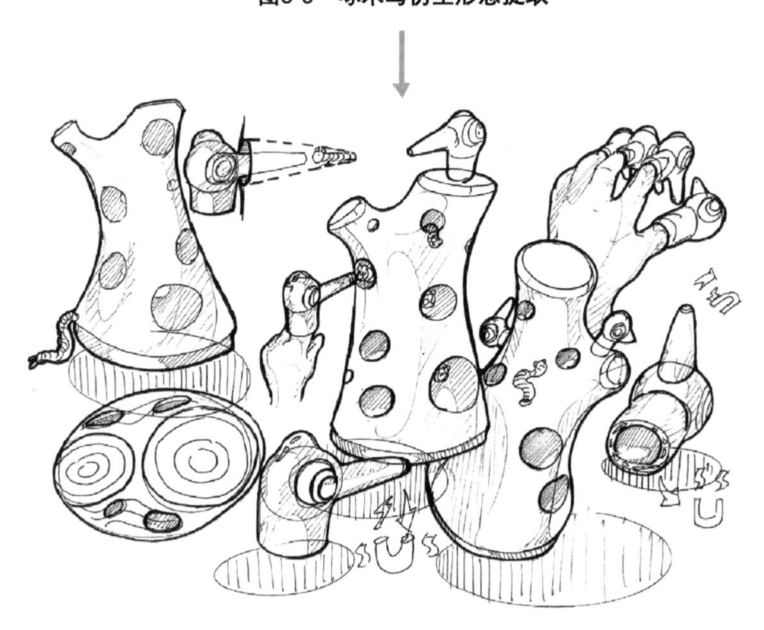

图5-10 啄木鸟局部仿生形态提取

如图5-11，根据啄木鸟的形态特征，进行钻头工具的仿生推演表现。在对生物进行深入的提取元素后，我们将其分解为钻头、握把、底座三部分。利用啄木鸟尖嘴细长的特点，与钻头的基本功能完美地结合在一起。同时在握把部位进行人体工程角度的弧度处理，在使用者使用的过程中，更合理、便捷地进行操作。

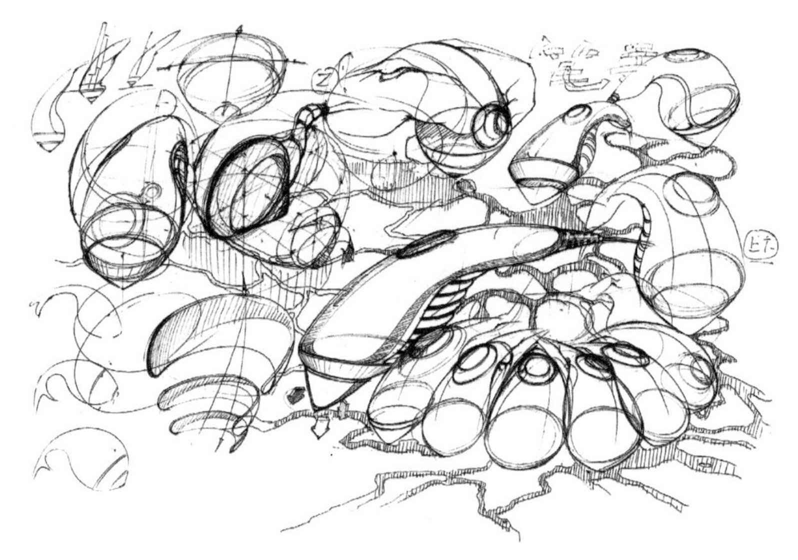

图5-11　啄木鸟仿生钻头

在钻头产品仿生设计推演表现的过程中，我们要注意产品多角度、多视角的表达，对于主要效果图用笔要大胆果断，对局部的塑造要精确、贴合，同时对暗面要加强处理，提高整体产品的对比度。在画面的边缘可以适当加一些元素提取推导图，理清产品推演的思路，有的放矢。

5.3 四肢类生物仿生

四肢类生物是我们常见的一种生物，比如猫、狗都是大众普遍饲养的宠物。其特点是四肢发达，形态可爱，给人一种亲切感。以此特征设计推演一种机器猫产品，如图5-12，提取猫可爱形象的脸部特征以及进行几何形体的概括。在表现的过程中要注意形态的把握以及多角度的表现，产品正视图、侧视图、俯视图都应加以表现。对于推演的过程要给予说明。同时可以对局部的结构进行解析规划，增强画面的丰富度。

图5-12　机器猫仿生1

如图5-13，在机器猫仿生设计推演产品的上色中，要注意产品光影关系的表达统一，对于材质的表现要精确、具体。在配色方面要采用符合仿生生物的特征，如用橙色表达活泼可爱的特点，对于暗部结构等部分可以采用简约严谨的重灰色来体现产品的现代感。最后可以适当增加仿生生物的装饰点，如猫咪的铃铛可增强产品的诙谐幽默感，提高趣味性。

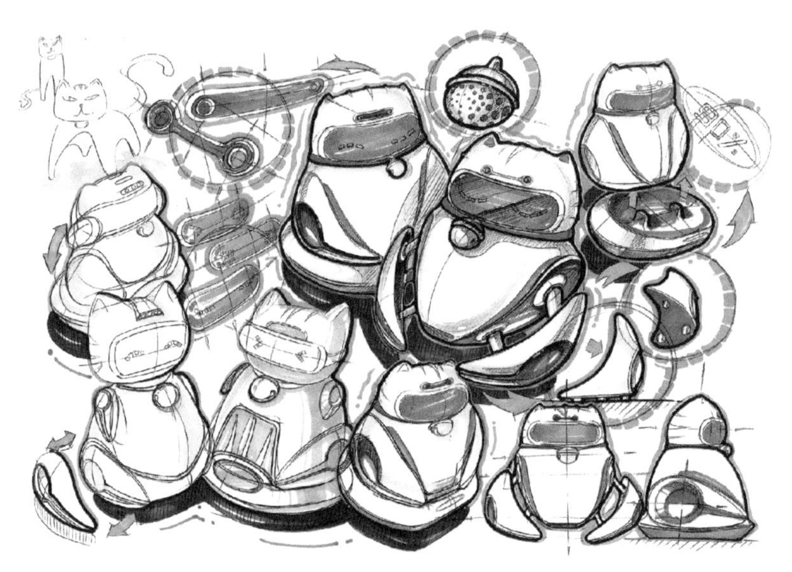

图5-13　机器猫仿生2

5.4 植物仿生

大自然中的植物是很普遍且具有美感的。在仿生设计推演的产品中，植物的应用会带来很大的启发和灵感。如图5-14所示为进行荷花的餐具仿生推演表现。

图5-14　荷花仿生

荷花体态特征为根状茎横生，肥厚，节间膨大，内有多数纵行通气孔道，节部缢缩，上生黑色鳞叶，下生须状不定根。其舒展端庄的形体给人纯洁、清爽的感觉。在产品仿生推演过程中要注意对于荷花整体形态的把控，高度凝练概括其核心元素，同时要对餐具的基本功能进行合理匹配。

在配色上色过程中，要注意荷花固有色的表现以及配色之间的颜色比例关系。对于材质方面要清晰明了，透视层面要准确表达。在进行元素单位组合时，要注意对于整体效果的表现，角度要合理丰富。

5.5 爬行类生物仿生

爬行类动物一般具有迅猛、威武的体态特征，如图5-15，爬行类动物鳄鱼的形体适合进行具有“暴力美感”的交通工具仿生设计。在进行鳄鱼仿生摩托艇推演表现的过程中，要先对鳄鱼生活形态等方面进行综合考虑，寻找适当的切入点。在概括的过程中，要对鳄鱼的爬行状态的轮廓和细节进行归纳。

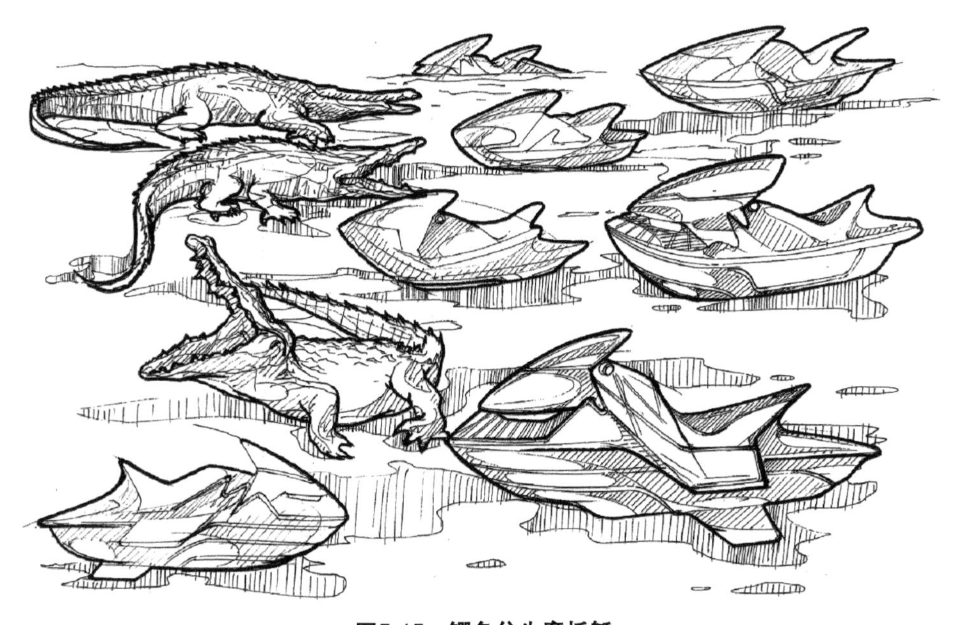

图5-15 鳄鱼仿生摩托艇

对鳄鱼生物嘴的处理要进行适当优化，在保留威严的基础上，进行几何形体的凝练概括。要注意的是，在推演设计过程中，要满足产品的基本功能以及交通工具设计需要注意的风阻等问题。在进行产品表现的过程中，行笔要准确果断，轮廓线要通过轻重变化来表达虚实关系。对于暗部可以适当排线来概括。

思考与练习

1. 分析学习五种产品仿生设计推演案例，总结仿生设计推演的切入点。
2. 可以熟练地进行产品仿生设计推演。

第6章

产品有机形体设计推演表现

6.1 多面体

多面体是指四个或四个以上多边形所围成的立体。在日常生活中，多面体是一种很常见的几何形体，以此为基础可以演变出很多异形体的外观产品。如图6-1，在进行多面体的有机形体设计推演表现过程中，要注意多面体形体的透视转折，对于近大远小这一规律的把握。在表现过程中，要强调光影关系，提高暗部和亮部的对比，行笔要果断流畅，同时要进行多角度、多视图的表达，丰富画面，提高产品的表现力。

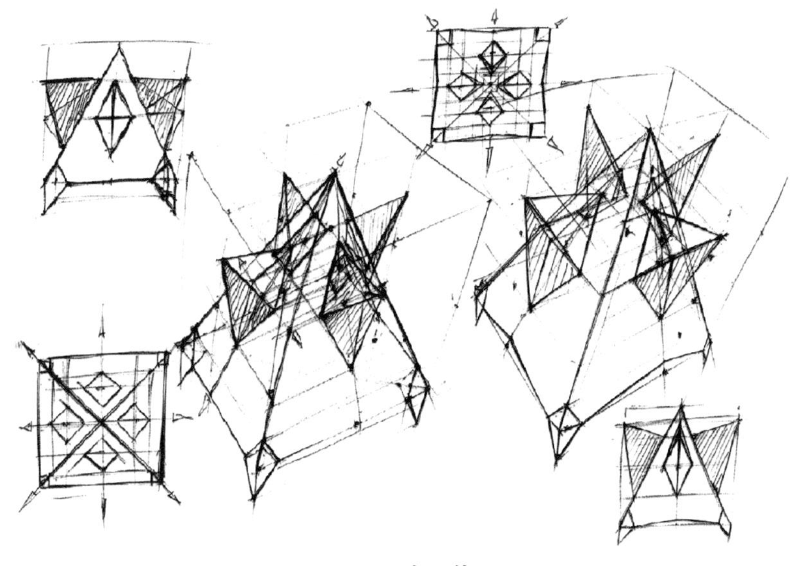

图6-1 多面体

在多面体形体的基础上，可以进行几何的抽象概括以及适当变形得到具有现代感、科技感的有机形体产品。

6.2 流线型

物体在流体中运动时会有阻力，流线型的设计可以有效地降低阻力，提高产品的使用效率。如图6-2，通过有机形体设计推演，可以得到充满动感和现代感的外观产品。

流线型有机产品设计推演表现时，特别强调转折透视的问题，因其多角度穿插、整体不规律等因素，在推演表现的过程中要归纳思路，清晰方向。

在行笔时，在两个结构面之间的交界线要适当着重处理，线条需沿着结构线有序排布，亮部和暗部要拉开对比，提示产品表现的质感。

流线型多应用于汽车、飞机、炮弹等高速运动产品中，目的是在高速运动过程中减少空气阻力。如图6-3，在流线型产品推演表现过程中，要特别注意其流畅性以及整体性。在上色的过程中要注意笔触沿着结构线走，需果断利落，对于暗部要加强处理，与亮部形成对比。

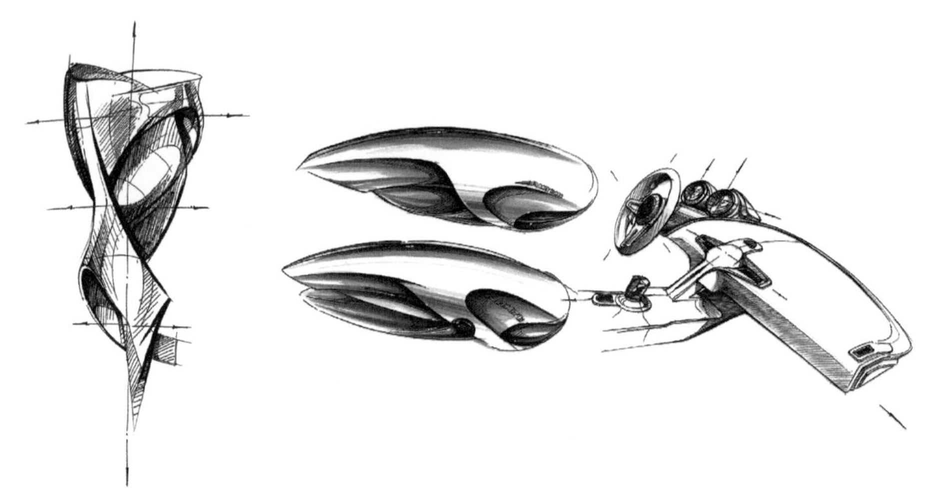

图6-2 流线型1　　**图6-3 流线型2**

贝壳是生活在水边软体动物的外套壳，是由软体动物的一种特殊腺细胞的分泌物所形成的保护身体柔软部分的钙化物。贝壳具有流线型的体态特征，适合作为有机形体产品设计的推演元素。

如图6-4所示为将贝壳的体型特征进行几何归纳后进行推演表现。在产品设计推演表现过程中，要注意外轮廓线的虚实关系，切忌画死，使得产品视觉上僵硬、不生动。对于透视关系要准确合理，结构线之间层次分明。

行笔要果断流畅，不可优柔寡断，清晰地将流线型的美感以及动感表达出来。对暗部和投影的处理要整体归纳，既要保持透气又要与亮部拉开对比关系，提升画面的整体效果。

如图6-5所示为卷笔刀的有机形体设计推演表现。在表现的过程中，要对结构有清晰的把握，对于形体转折要清晰明了，同时对暗部及明暗交界线处理需要得当，与亮部以及高光部分拉开强烈对比。

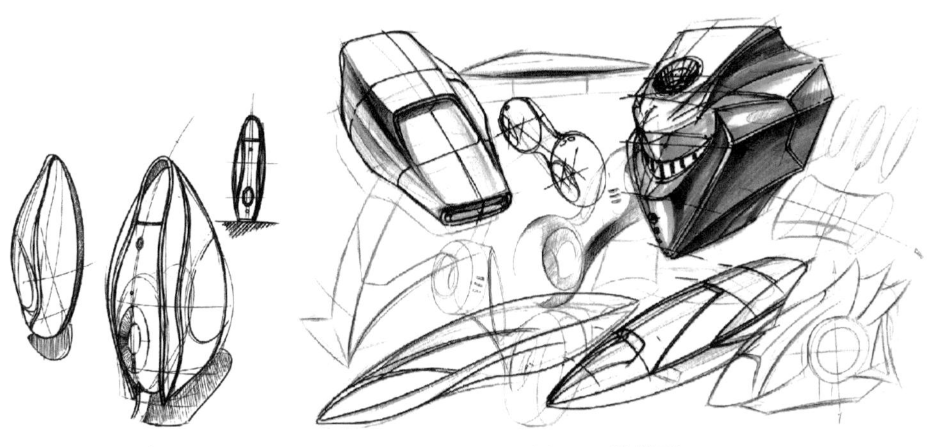

图6-4 流线型3　　图6-5 流线型4

在上色的过程中，选择具有产品特点的灰色系来突出其现代感，用流畅的笔触来表现卷笔刀的优美流线型。

乌龟生物的形体特征是头顶前部平滑，后部以多边形的细粒状小鳞构建了其坚硬的外壳。如图6-6，在进行乌龟流线型产品设计推演表现的过程中，要先对其进行元素的提取，提取其外壳作为主要功能区，将肢体及头部作为其支撑结构区。在产品外观设计的过程中，要注意其流线型的设计感，流畅而利落。

在产品的推演表现过程中，线条要跟着结构走，在产品结构的转折面要进行区分。外轮廓线的表现要虚实有度。

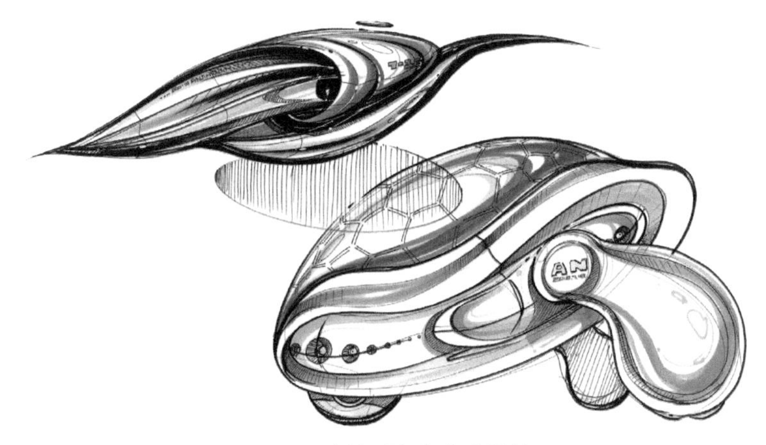

图6-6 流线型乌龟仿生设计

在配色方面，可以选用科技感较强的蓝色系和灰色系进行表达。在产品上色的过程中，笔触要顺着形体结构线行笔，对流线型的弧度要准确把握，同时要注意虚实关系、透视关系。对功能按钮等局部部件要进行简单刻画，保证其亮灰暗三大面有较强对比，体现其材质的质感。最后可进行生物特征的点缀，来增强产品的丰富度以及形式美。

6.3 弧面体

弧形是圆或椭圆的一部分，是日常生活中普遍存在的形状。弧形具有几何的性质，可以产生优美的体态。如图6-7，不同角度、不同形状的弧面体都具有塑造灵动、轻巧产品的潜力特征。在进行有机形体设计推演表现的过程中，我们尤其要注意其透视关系的准确度以及弧面的光滑流畅度。在产品外观中运用好弧面有利于加强产品的现代感、简洁感，有利于吸引用户对于产品的消费欲，增强产品的竞争力。

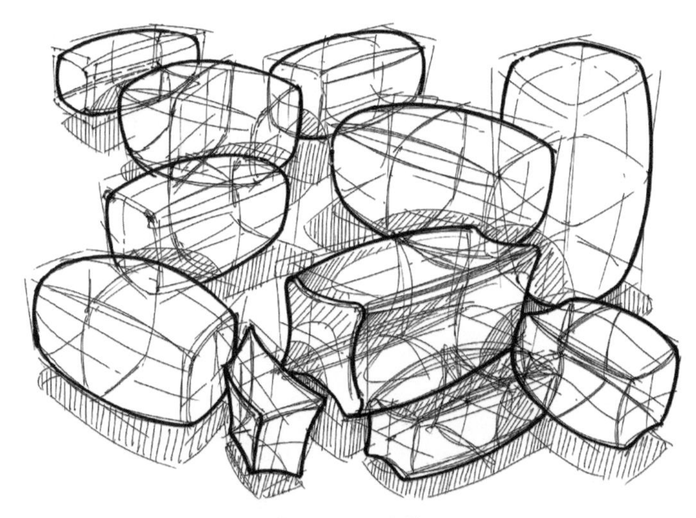

图6-7　弧面体

鼠标是一个较为常用的工具，由于其使用者单位时间内使用的频率很高，所以必须进行人体工程学的外观设计。如图6-8，弧面体以其灵动、简洁的形态特征适用鼠标的产品设计推演。产品推演表现的过程中，要注意其轮廓线弧度的准确度以及合理性，需满足人体工程学的基本要求，最大化地开发产品的使用适配性。表现要注意透视关系的把控，对局部需要有所交代。

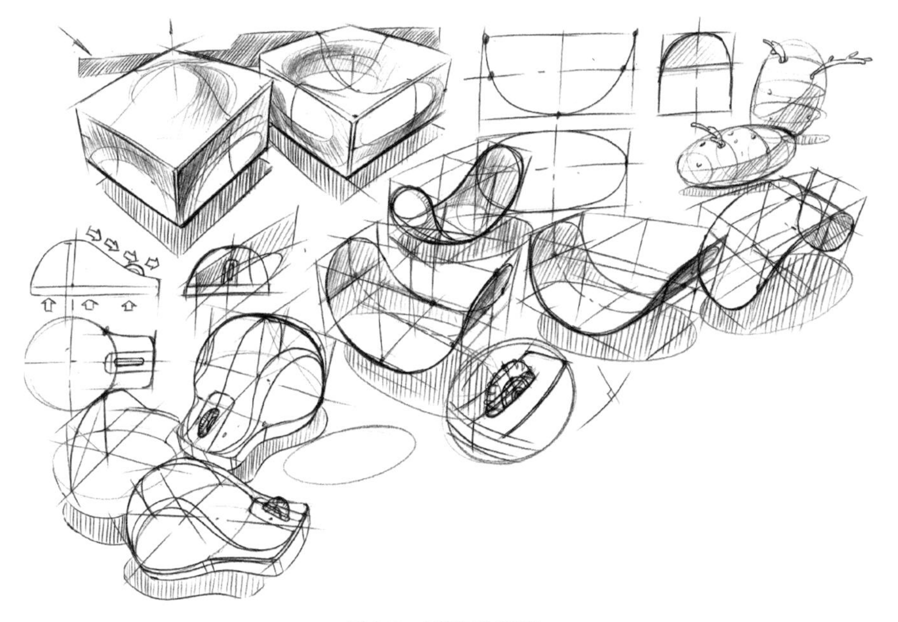

图6-8　弧面体鼠标

VR探测器是一款现代科技感强的产品，其外观要求简洁、富有动感。在富有现代科技感的产品中，弧面的应用必不可少，同时也至关重要。如图6-9，在进行弧面推演表现的过程中，要注意其曲率与整体之间的比例关系，弧度要饱满而细致。

图6-9　弧面VR探测器

在推演表现过程中，还应注意其用笔的果断和流畅，强调其整体与局部之间的比例关系，对待主要功能区表达要充分，按钮等结构转折处要给予适当区分。在表现过程中，还要进行多角度的表现，使得用户可以较为直接地观察到产品各个视觉的细节部分。最后，暗部要加强表现，使其与亮部对比强烈，增强画面的丰富度。

6.4 生活类家电产品

生活类家电是我们生活中的小能手，也是我们生活中必不可少的一部分。通常这类产品实用性强、外观简洁、功能丰富。如图6-10，在进行耳机产品推演表现的过程中，要符合耳朵部位的人体工程学。对产品的旋转按钮等转折结构要表现清晰明了。

图6-10　耳机

要注意产品的多角度表现，以及局部的细节处理。用笔要果断流畅，由轻重变化来进行虚实的结合。配色尽量使用偏重颜色，增强产品耐脏度。

如图6-11，在进行收纳袋产品的推演表现过程中，要注意其柔软材质的表达，用笔要在结构转折处准确、合理，还要重视其透视关系和遮挡关系。在产品开关功能部位要加强表现，注意两种材质之间结合部分的细节变化。进行多角度的表现有利于用户对产品的快速认知。

图6-11 收纳袋

婴儿床的产品设计要特别注意使用者是自理能力较差的婴儿，所以在产品推演的过程中，要强调婴儿的生活习惯以及身体数据的准确。如图6-12，在推演过程中，要注意头部、腰部等部位材质选用的柔软度和舒适度。产品结构转折处要进行倒角处理，不应出现尖锐面，以免造成使用者受伤。进行多角度的表达可以快速地使用户了解产品的功能和特点，提高产品的竞争力。

在产品推演表现的过程中，要注意用笔的虚实结合，对于细节部分要进行局部说明。

转笔刀的产品设计外观要简洁大方，结构要简单合理，可以适当地加入仿生元素，提高产品的趣味性。如图6-13，在转笔刀产品推演过程中，要注意各个功能区的比例关系以及结构转折的贴合。暗部与亮部要拉开对比，沿着结构线进行行笔。分模线要清晰明了。可进行多角度的表现来增强画面丰富度与产品表现力。

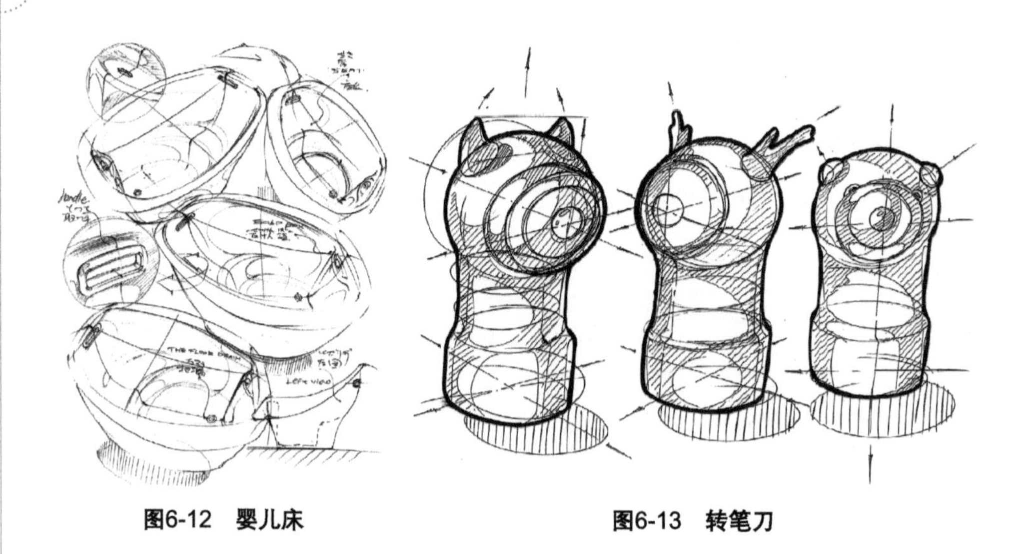

图6-12 婴儿床 图6-13 转笔刀

6.5 飞行器

飞行器是具有极高科技感以及现代感的产品，同时其结构、零件非常复杂，所以在产品推演过程中要先理清思路，将产品归纳总结，再进行推演表现。如图6-14，在产品推演表现的过程中，要先进行产品整体的概括，不要只抓住产品的局部。在整体轮廓表现出来后，再进行产品的深入表达。因其功能部位较为复杂，所以要特别注意结构穿插以及透视比例关系。可以先进行几何体的归纳，再将小部件表现上去，提高产品的整体感。

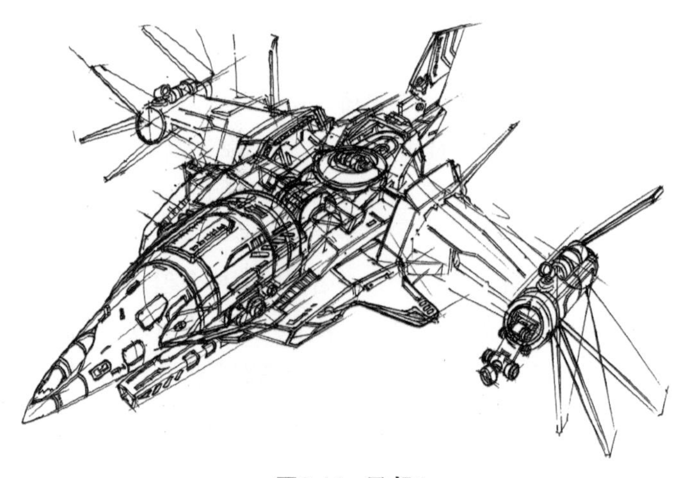

图6-14 飞机1

如图6-15，进行飞行器产品推演表现的深入刻画。在结构复杂的产品中，还要注意用笔的虚实结合、轻重变化，这样会使得产品更加富有动感和灵活性，增强画面表现力以及视觉冲击力。同时也要进行多角度、多视觉的表达，让产品更加饱满、丰富。暗部和亮部直接要形成对比关系，提高产品表现能力。

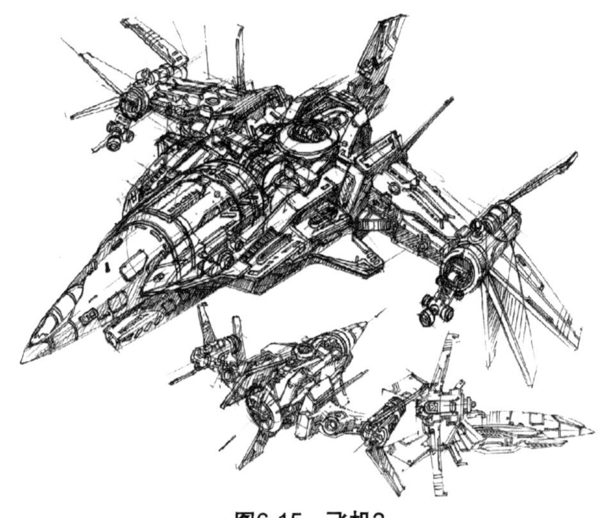

图6-15 飞机2

如图6-16，在进行机甲飞行器产品推演过程中，要先对产品进行归纳总结，概括出几何元素，在整体的框架下进行产品推演表现。结构复杂的产品需要处理好整体与局部的关系，对光影的清晰明了直接影响到了产品的明暗关系，所以注意分析光影产生的影响。因其功能部位较为复杂，所以要特别注意透视比例关系和结构穿插。对材质的表现要准确合理。

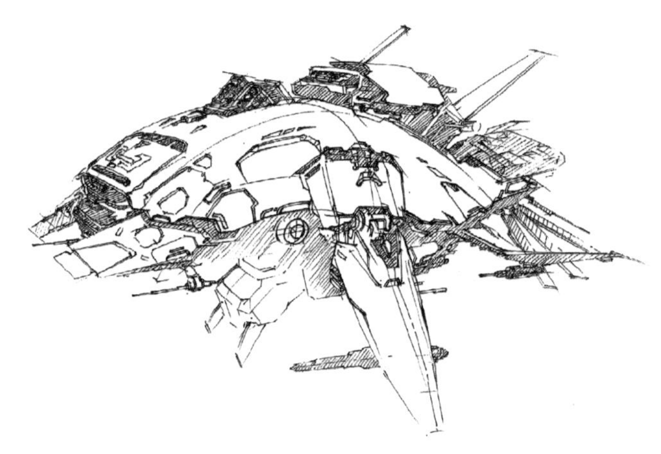

图6-16 机甲飞行器1

如图6-17，对机甲飞行器进行进一步的深入刻画。因其结构复杂，还要注意用笔的虚实结合、轻重变化，提升产品的动感和灵活感，增强画面表现力以及视觉冲击力。对小的部件和结构也要进行深入剖析，分模线要清晰明了。同时也要进行多角度、多视觉的表达，让产品更加饱满、丰富。暗部和亮部对比关系可以适当夸张，突出表现力。

无人机属于现代高科技产品，在产品推演过程中，需要结合其功能、结构、用途等方面进行综合考虑。如图6-18，无人机的结构由方体、柱体等几何元素构成，在推演的过程中，要注意产品结构衔接的准确度。

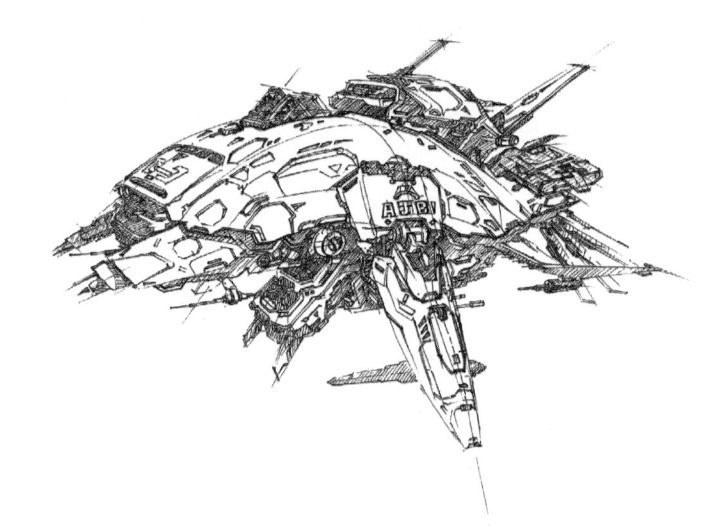

图6-17　机甲飞行器2

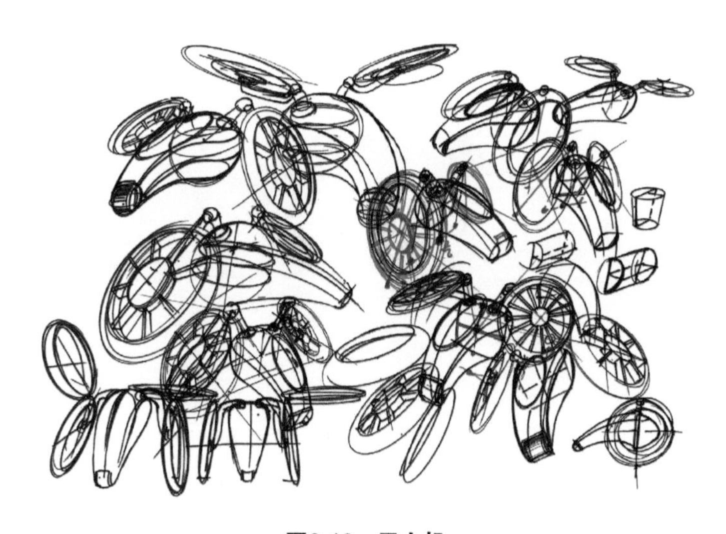

图6-18　无人机

在无人机产品设计推演表现过程中，要注意用笔的轻重与虚实的变化，增强产品的质感和画面表现力。同时也要进行多角度、多视觉的表达，让产品更加饱满、丰富。在暗部和亮部处理上要形成对比关系，提高产品表现能力。

在产品的颜色上要体现科技感，仔细考虑无人机的使用环境和人机需求，简洁颜色尽量控制在一个色系，如黑色。

6.6 深海机电类

国际上对深海的定义是200米以下水深的海域，其特点是高压、无光、水温低，沉积物多，且多为软泥和黏土，腐蚀性强。其用途决定了深海机电类产品需要耐腐蚀、耐低温的材质。设计结构要坚固，要有抗高压的能力。如图6-19，在深海机电类产品推演表现的过程中要注意结构的质感。因其材质多选用金属，所以配色可以选用偏重的颜色，来体现深海的深沉感。

图6-19 深海垃圾处理器

如图6-20，在深海机电类产品推演设计中，可以先进行几何的分析概括，将产品分为几大部分，在进行组装后，进行局部的刻画，将产品的功能与形式合理地融合在一起。在表现的过程中，要对暗部进行加强处理，表现出产品坚硬的质感和科技感。

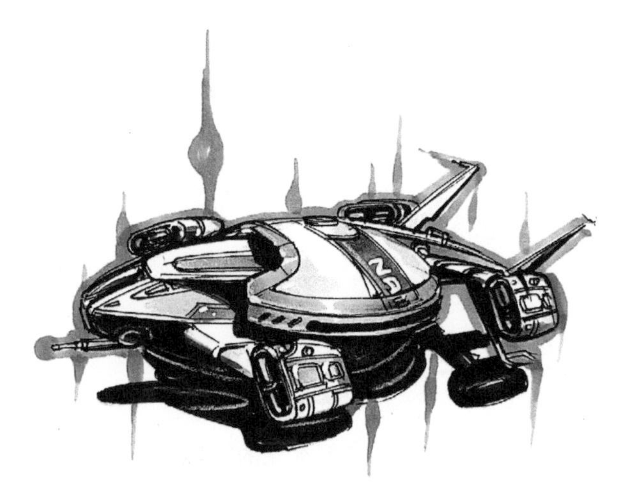

图6-20　深海处理器1

在配色的过程中，要以重色为主、灰色为辅进行表现，可以提升产品形式上的外观对比，增强产品的表现力。对于弧线等结构线要注意透视以及轻重的变化，形成虚实对比。

如图6-21和图6-22，对产品进行正视图的表现以及深入刻画，可进行适当装饰来突出产品的特点。

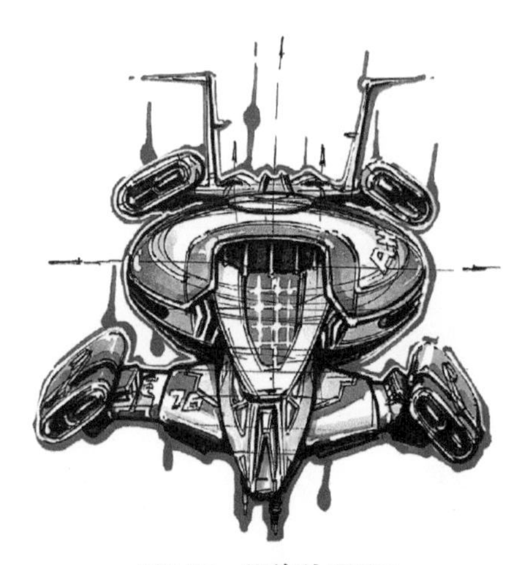

图6-21　深海处理器2

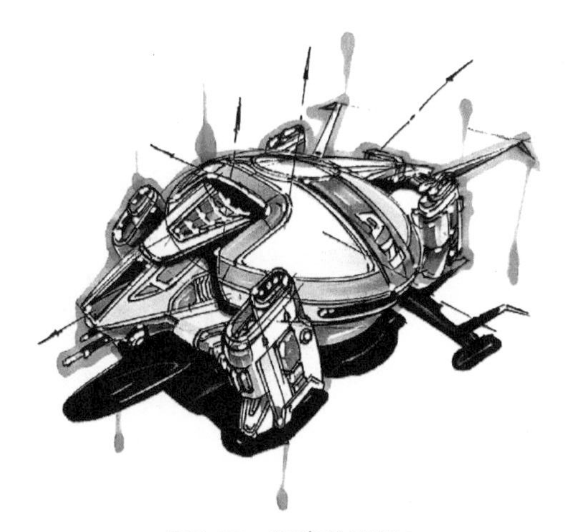

图6-22　深海处理器3

如图6-23和图6-24，对产品进行多角度的表现以及深入刻画，要注意其整体和局部之间的比例关系，以及透视关系，对结构转折部分给予一定的强调和表达。

图6-23　深海处理器4　　图6-24　深海处理器5

思考与练习

1. 分析学习产品有机形体设计推演案例，思考有机产品推演的切入点。
2. 可以有效且富有创意地进行产品有机形体设计推演练习。

第7章

优秀作品临摹范稿

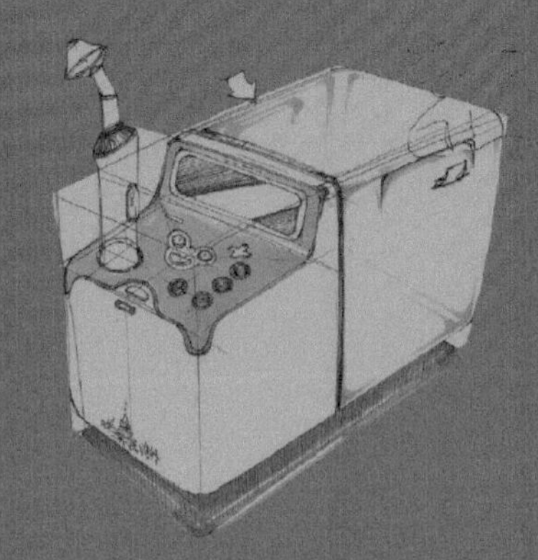

产品形态形体推演的创意表达，先要进行扎实的理论学习，积累了一定的知识储备才能厚积薄发；同时在拥有理论的基础上，要进行重复性、针对性的手绘练习，熟练掌握各类材质的准确表现以及各类绘制表达的技法。要遵从“三多”原则，即多看、多画、多想，才能胸有成竹，大胆创新。

7.1 简单线稿

如图7-1，先进行直线与弧线的基础临摹，只有掌握了这些基本技法，才能在后期学习中水到渠成、游刃有余。

图7-1 直线、弧线临摹线稿

如图7-2，进行透视临摹线稿练习，透视关系是产品表现中十分重要的环节。熟练掌握这一关系，才能在之后的产品表现中游刃有余、准确无误。

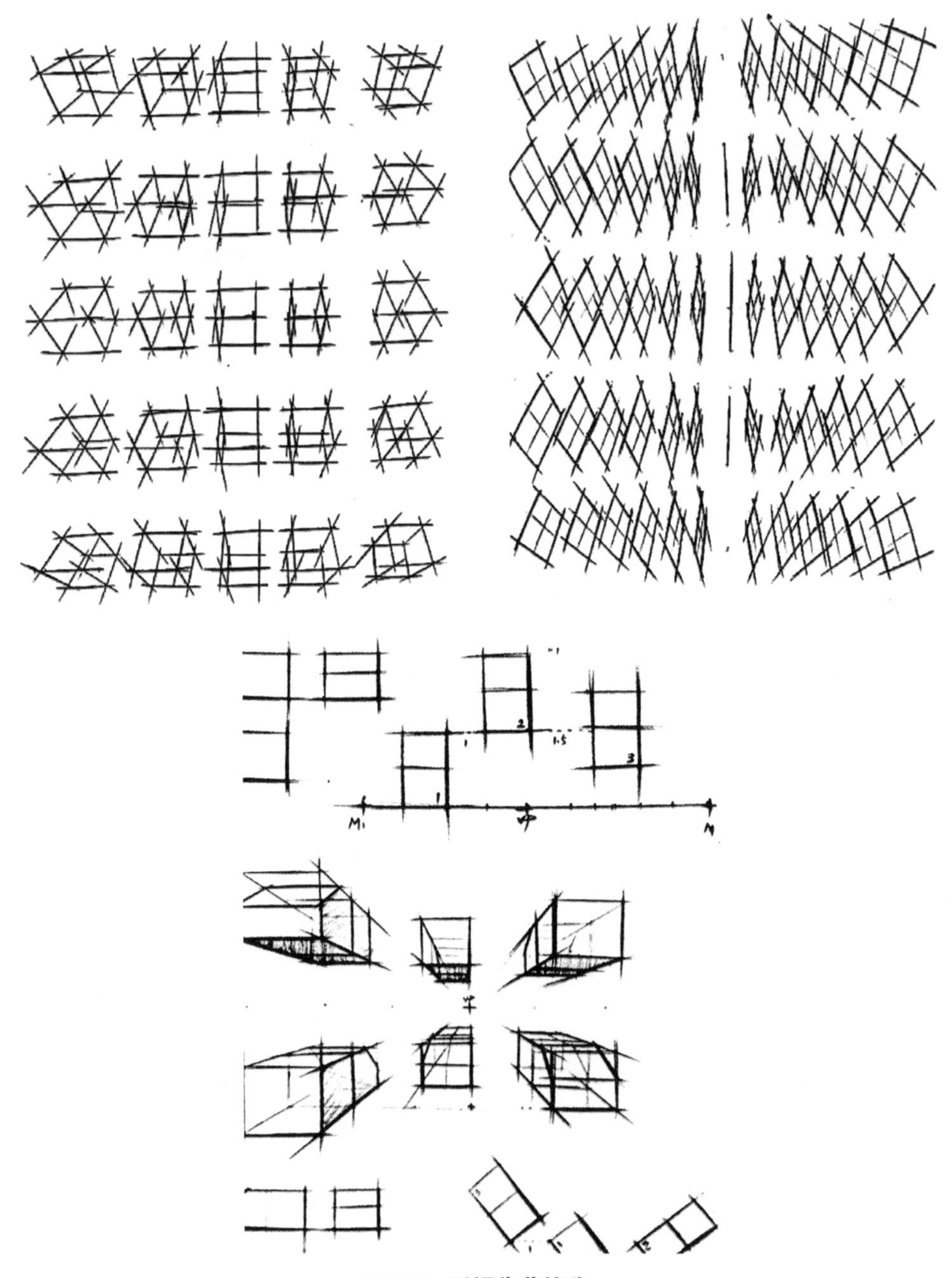

图7-2　透视临摹线稿

如图7-3，进行烧水壶产品的临摹线稿练习。在进行练习的过程中，要注意结构线透视的准确性。

如图7-4，进行显示器产品的临摹线稿练习。在进行练习的过程中，要注意层次的分明以及透视关系。

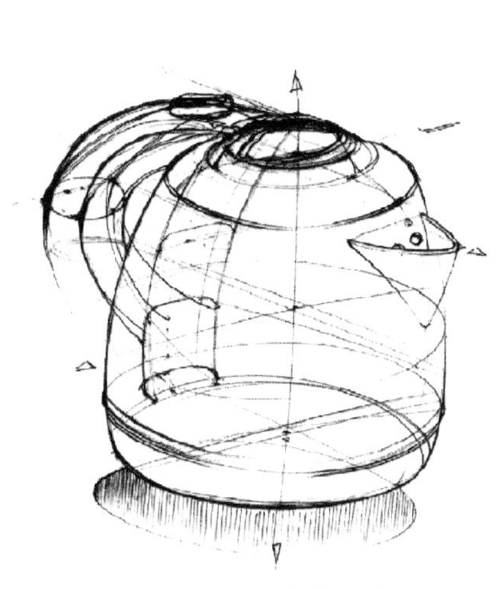

图7-3 烧水壶临摹线稿

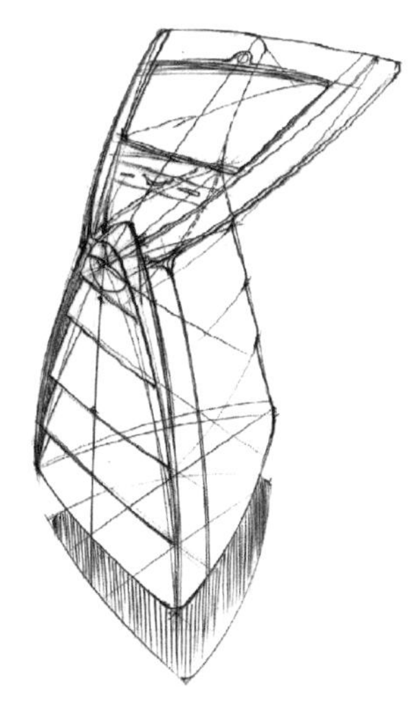

图7-4 显示器临摹线稿

如图7-5，进行鼠标临摹线稿练习。要注意弧形轮廓线的虚实关系以及透视的准确性。

图7-5 鼠标临摹线稿

如图7-6，进行电子仪器临摹线稿练习。要注意其结构转折的处理。

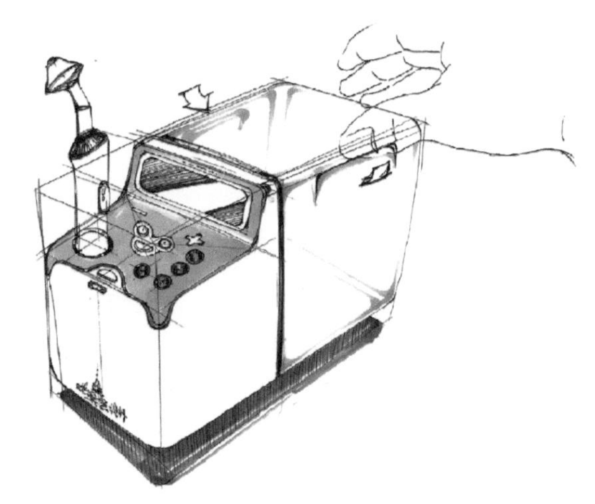

图7-6　电子仪器临摹线稿

如图7-7，进行游戏机产品临摹线稿练习。在练习过程中要注意透视关系，弧线要准确流畅。

如图7-8，进行杯子临摹线稿练习。在练习过程中要注意形体转折关系。

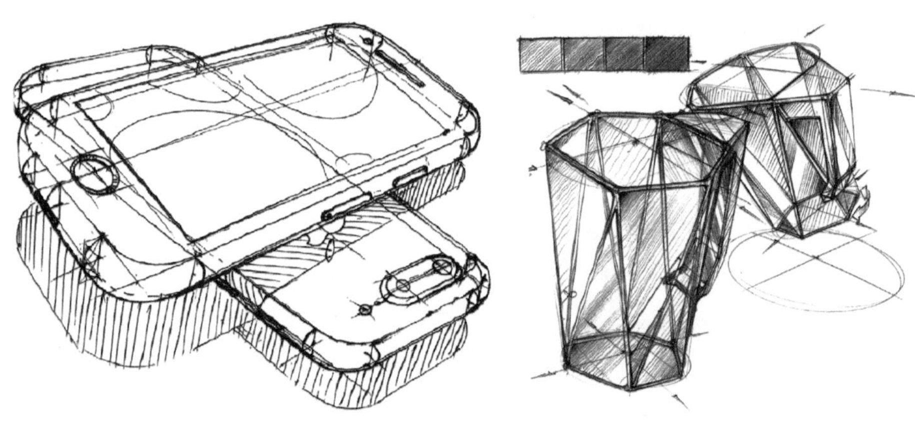

图7-7　游戏机临摹线稿　　图7-8　杯子临摹线稿

如图7-9，进行电子产品临摹线稿练习。要注意透视关系的准确性和线条的虚实关系。

如图7-10，进行插座临摹线稿练习。要注意其内结构暗部的虚实处理以及透视关系的准确性。

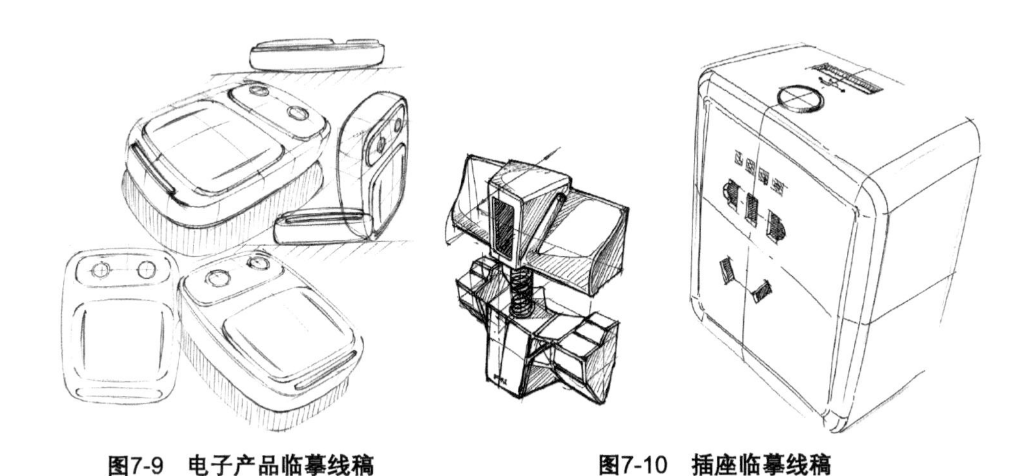

图7-9　电子产品临摹线稿　　　　图7-10　插座临摹线稿

如图7-11，进行方体产品临摹线稿练习，注意结构转折之间的处理应清晰明了。

图7-11　方体产品临摹线稿

如图7-12，进行茶杯临摹线稿练习，需注意轮廓线的透视关系。

图7-12　茶杯临摹线稿

如图7-13，进行主机临摹线稿练习。要注意产品透视关系的准确性。

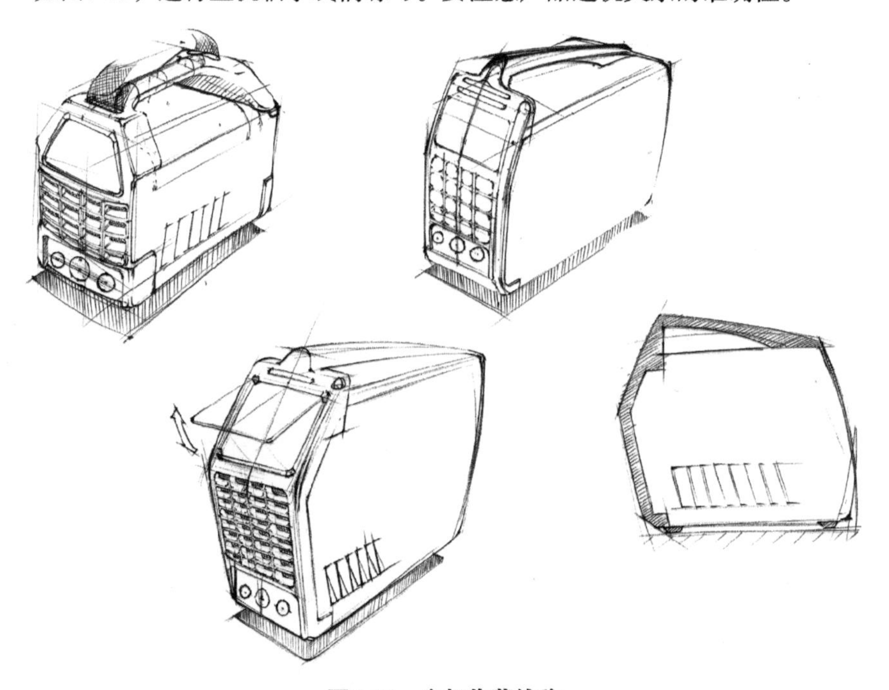

图7-13　主机临摹线稿

如图7-14，进行冰箱临摹线稿练习。注意多角度的透视练习。

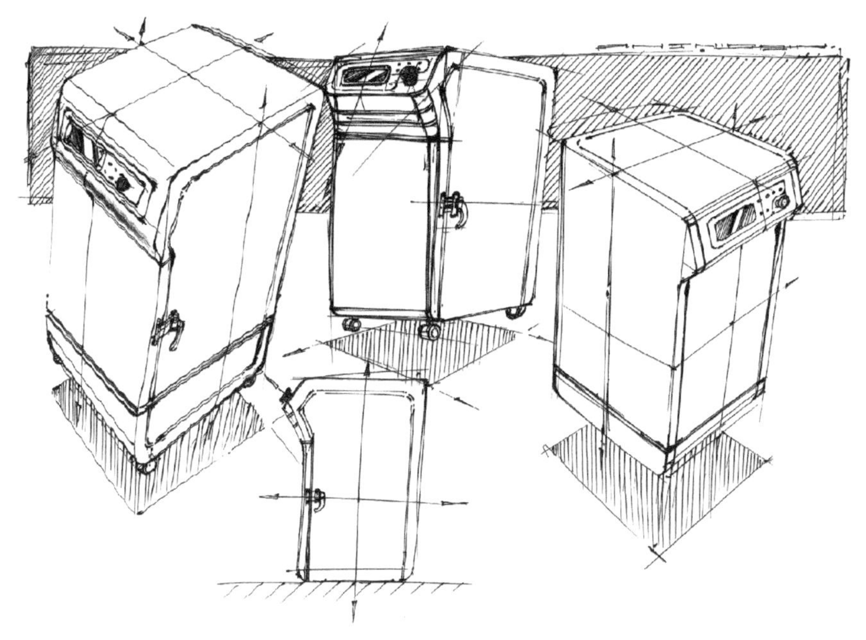

图7-14　冰箱临摹线稿

如图7-15，进行交通工具临摹线稿练习。注意其轮廓线的把握以及分模线之间的关系。

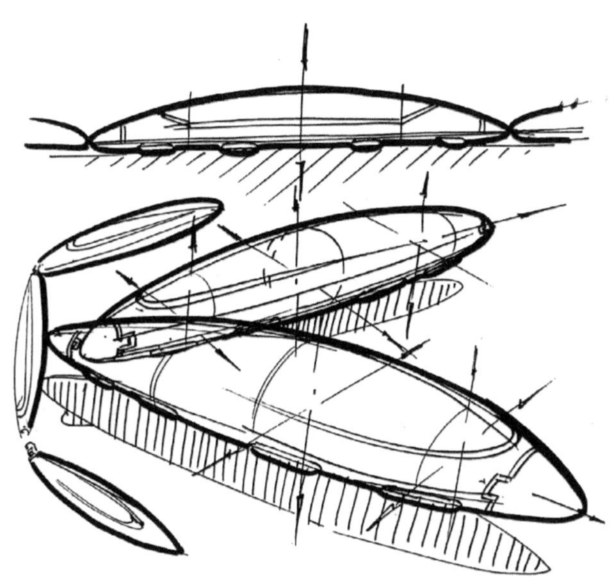

图7-15　交通工具临摹线稿

如图7-16，进行仪器临摹线稿练习。需注意内结构的透视关系。

图7-16　仪器临摹线稿

如图7-17，进行电子设备临摹线稿练习。要注意产品的穿插关系。

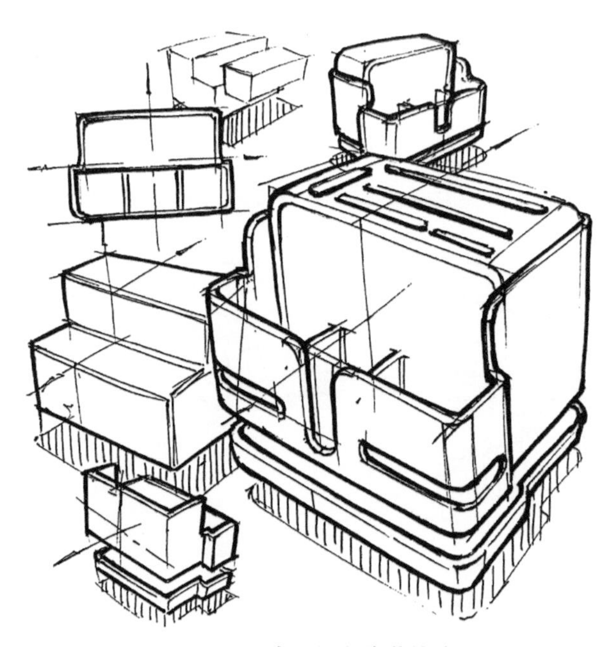

图7-17　电子设备临摹线稿

如图7-18，进行飞行器临摹线稿练习。注意多角度的透视练习。

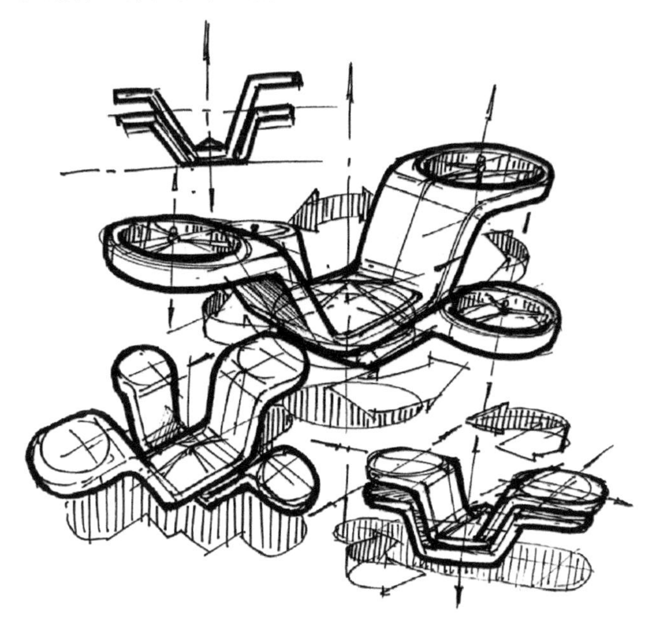

图7-18　飞行器临摹线稿

7.2 复杂线稿

如图7-19，进行汽车临摹线稿练习。汽车外观特点是棱角分明、简约时尚，所以在进行练习时要注意其线条的流畅以及透视的准确。

图7-19　汽车临摹线稿

如图7-20，进行飞行舱临摹线稿练习。飞行舱的层次较为复杂，在进行练习过程中要先理清思路再进行下一步。

如图7-21，进行VR眼镜临摹线稿练习。要分清产品的层次，把握好透视关系。

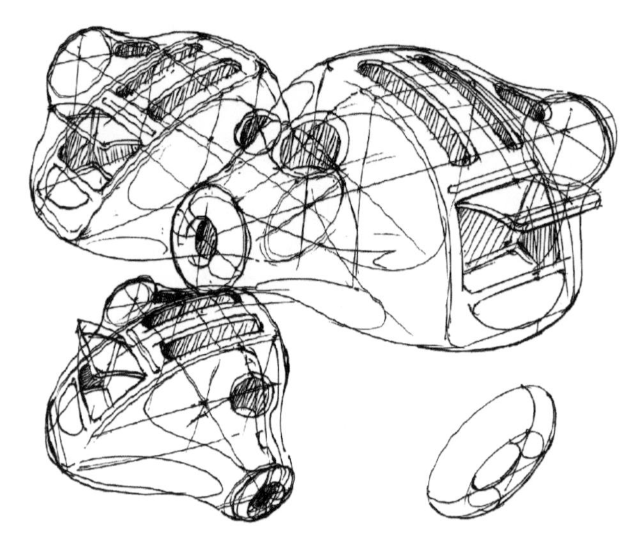

图7-20　飞行舱临摹线稿

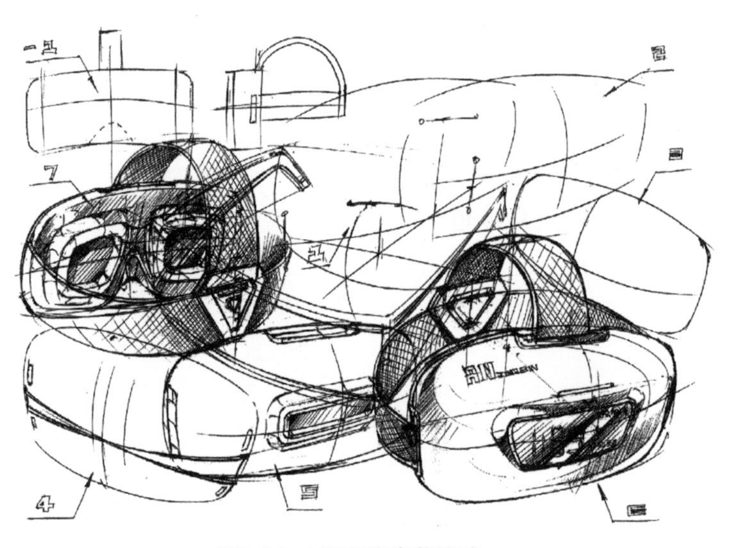

图7-21　VR眼镜临摹线稿

如图7-22，进行摩托车临摹线稿练习。要注意线条的虚实对比。

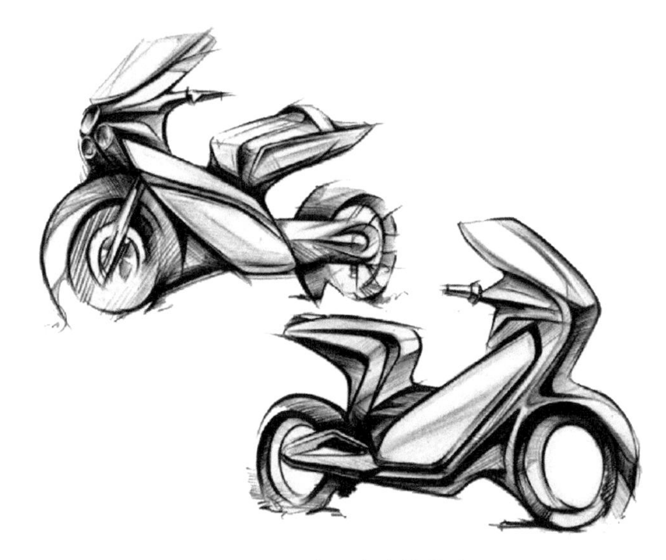

图7-22　摩托车临摹线稿

如图7-23，进行U盘临摹线稿练习。其特点是结构转折、倒角部分多，需先理清层次再下笔。

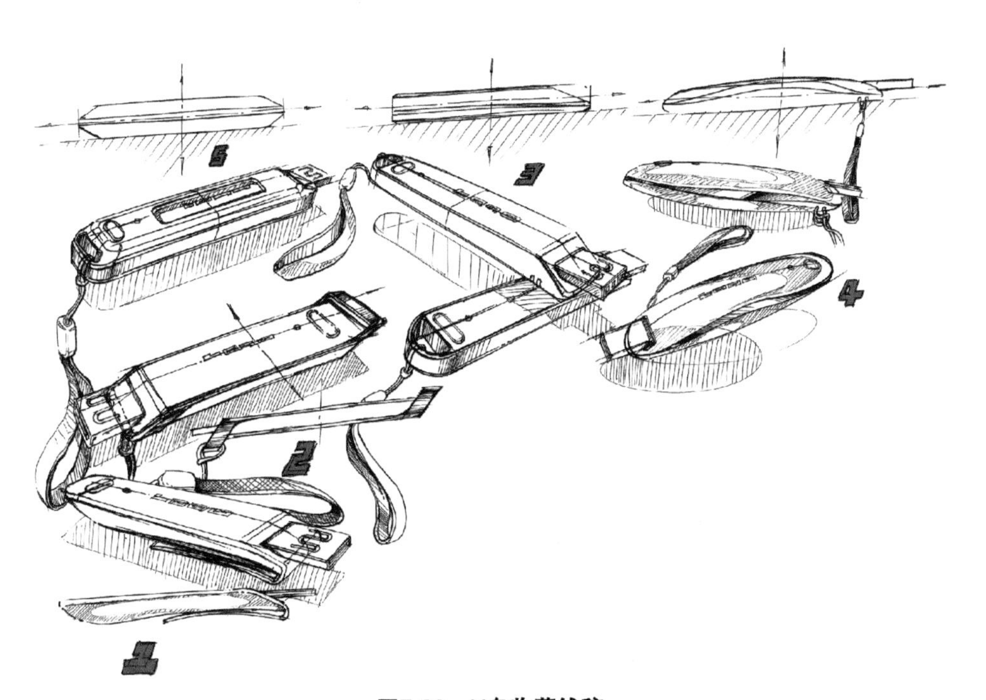

图7-23　U盘临摹线稿

如图7-24，进行剃须刀临摹线稿练习。需要注意透视关系的准确以及轮廓线、结构线的虚实变化。

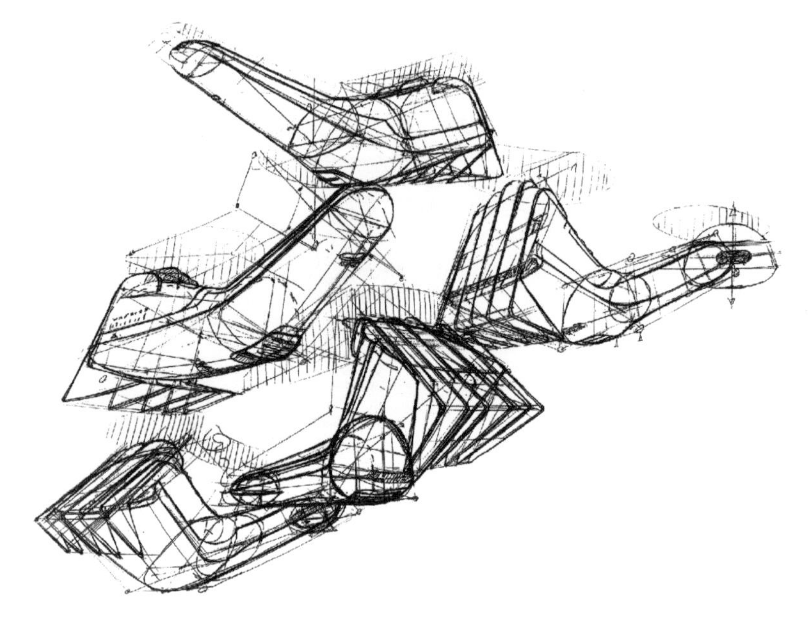

图7-24 剃须刀临摹线稿

如图7-25，进行耳机临摹线稿练习。耳机特点是弧形较多，要注意轮廓线的尺度把握。

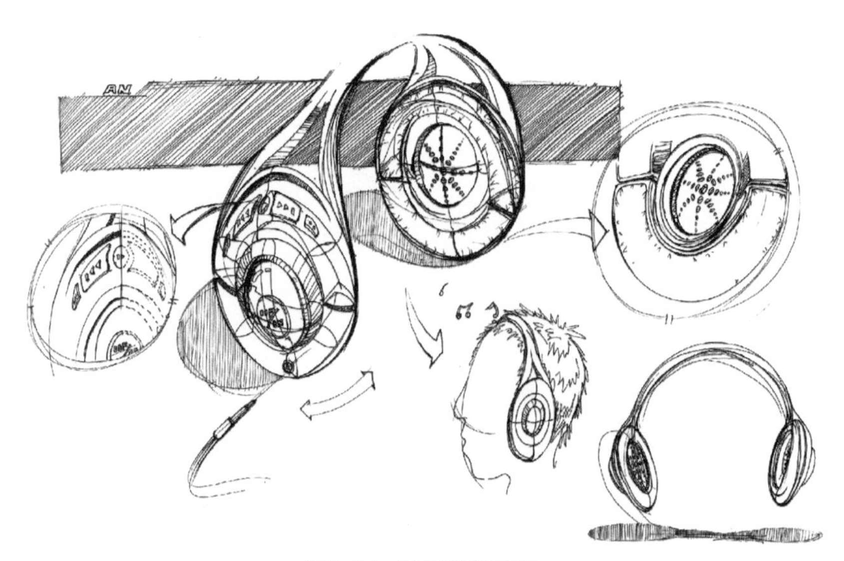

图7-25 耳机临摹线稿

如图7-26，进行电轮椅临摹线稿练习。对产品的结构表现要清晰，透视关系要准确。

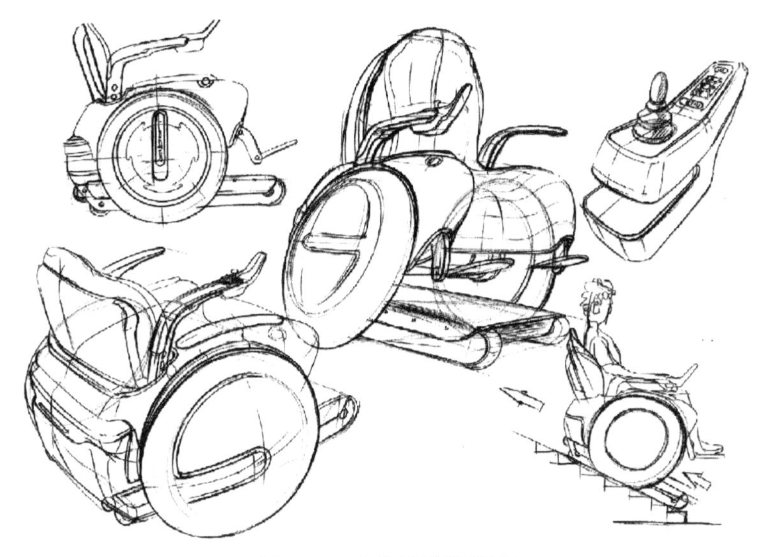

图7-26　电轮椅临摹线稿

如图7-27，进行工具设备临摹线稿练习。需先理清层次再下笔，注意结构转折。

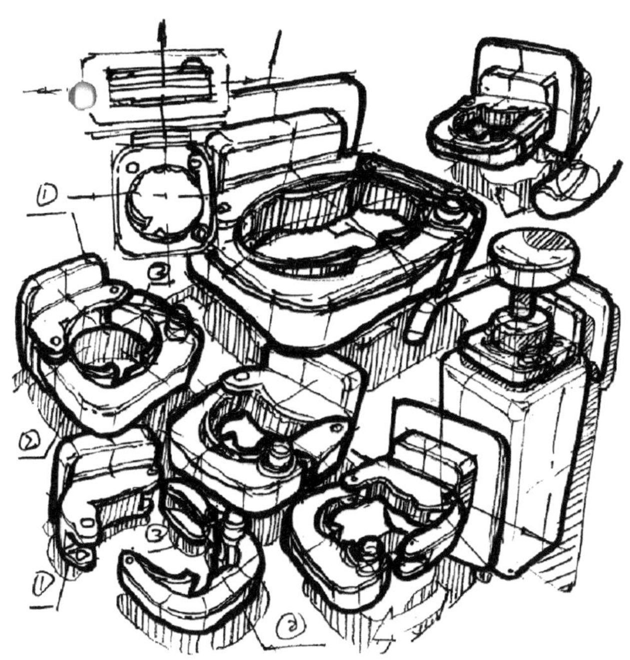

图7-27　工具设备临摹线稿

如图7-28，进行汽车临摹线稿练习。需要注意整体形态的把握。

图7-28　汽车临摹线稿

如图7-29，进行包装盒临摹线稿练习。在练习的过程中要特别注意透视关系的把握。

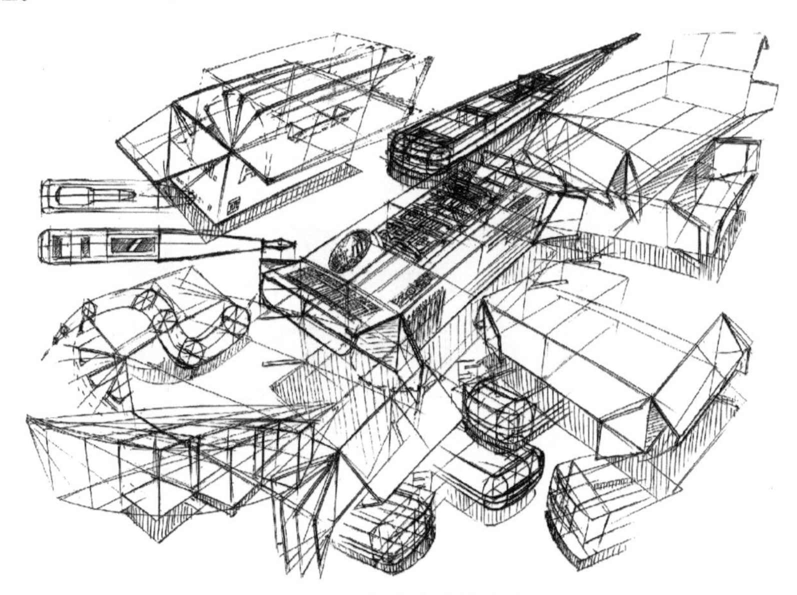

图7-29　包装盒临摹线稿

如图7-30，进行插头临摹线稿练习。在练习的过程中要对产品进行剖析，注意线条的虚实变化。

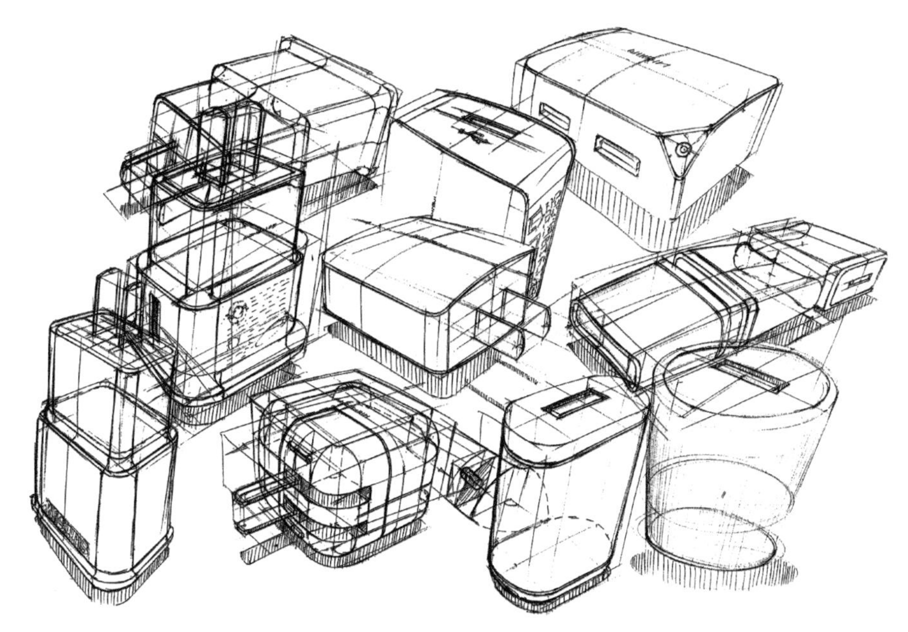

图7-30 插头临摹线稿

如图7-31，进行电动牙刷临摹线稿练习。其重点是对于轮廓线以及结构线弧度的把握需柔和、虚实有度。

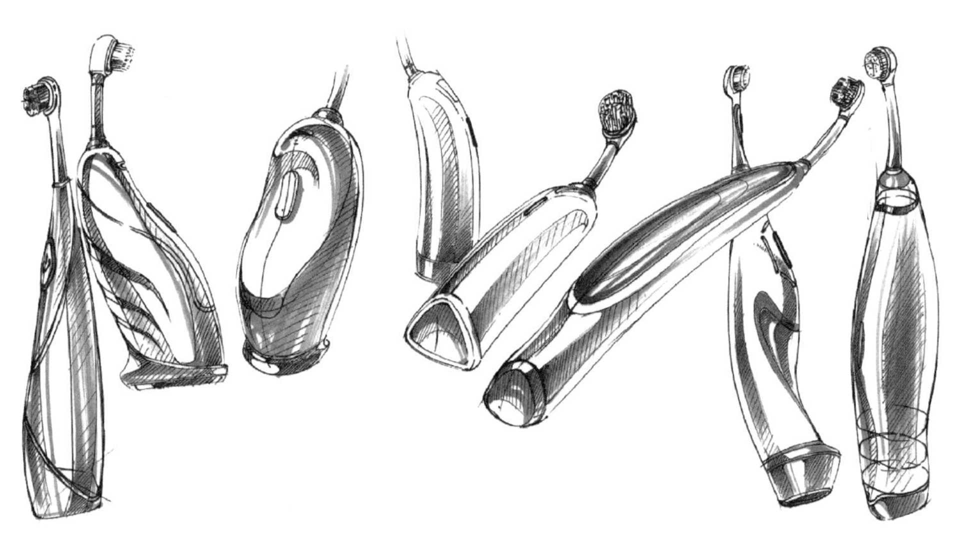

图7-31 电动牙刷临摹线稿

如图7-32，进行自行车临摹线稿练习。需要注意各个机械结构之间的衔接关系。

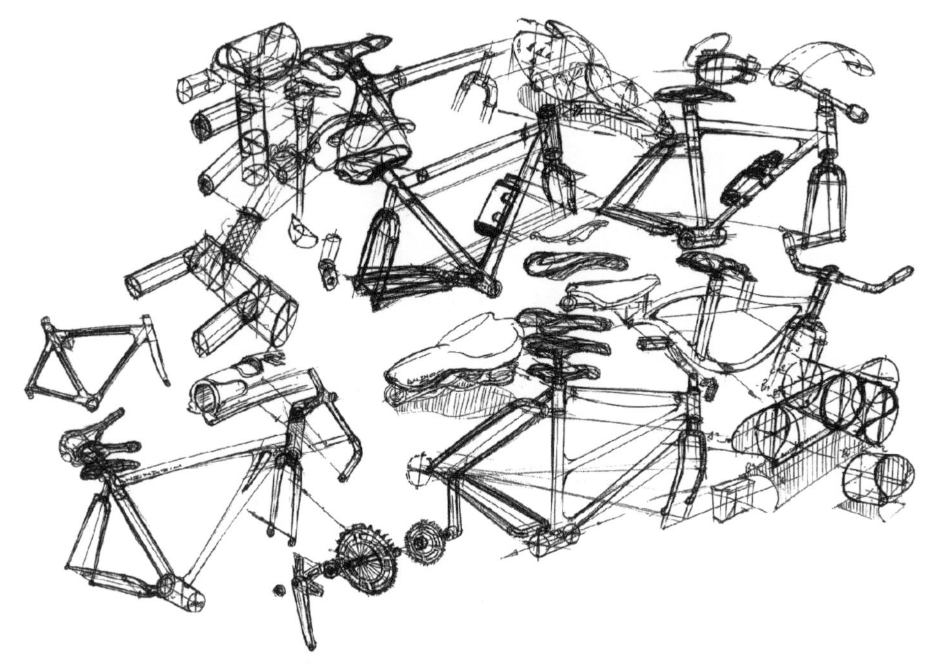

图7-32 自行车临摹线稿

如图7-33，进行跑车临摹线稿练习。在练习的过程中要把握整体形体透视关系。

图7-33 跑车临摹线稿

如图7-34，进行工件临摹线稿练习。在练习的过程中注意结构以及透视的准确性。

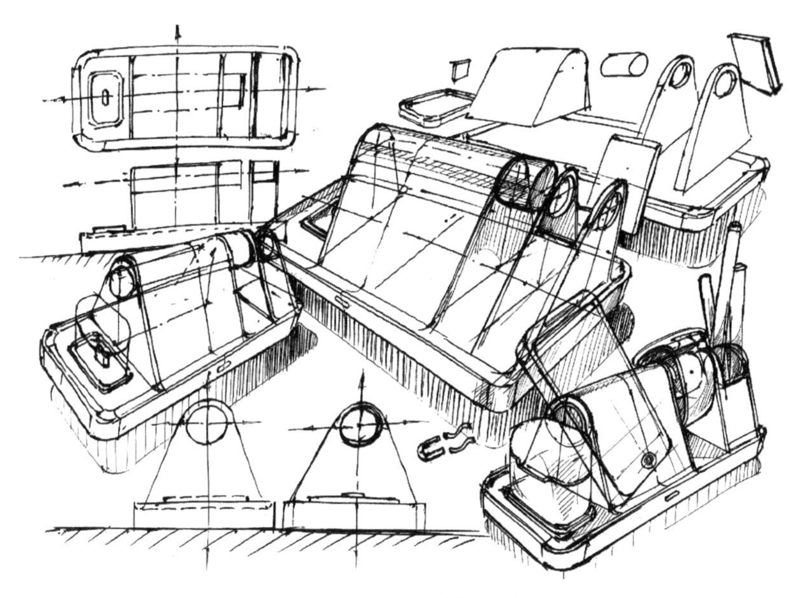

图7-34　工件临摹线稿

如图7-35，进行工具箱临摹线稿练习。在有爆炸图的练习中要特别注意每个结构透视的一致性。

图7-35　工具箱临摹线稿

如图7-36，进行工具包临摹线稿练习。需要注意各个结构之间的穿插关系。

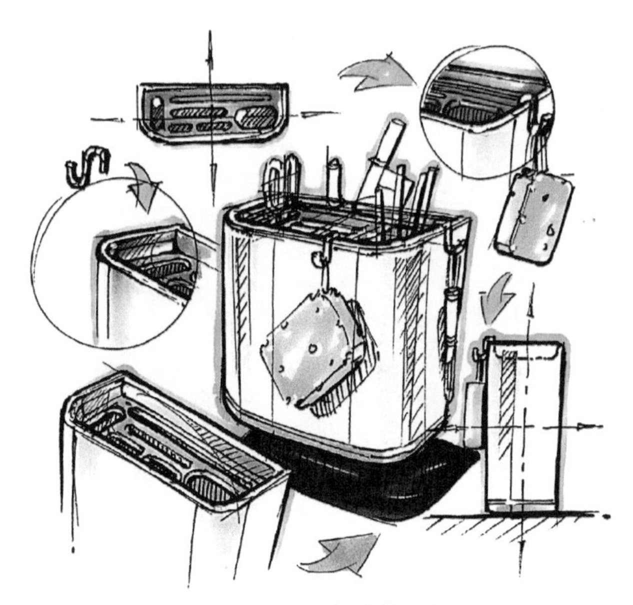

图7-36　工具包临摹线稿

如图7-37，进行工具盒临摹线稿练习。在练习的过程中可以逐步加入一些颜色分明层次。

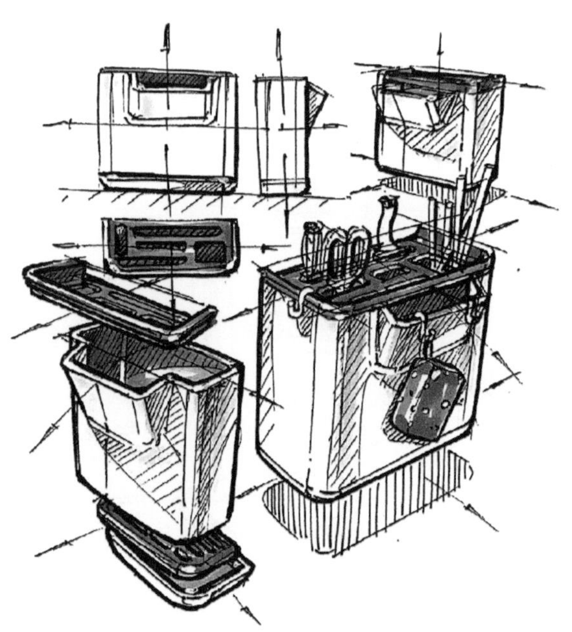

图7-37　工具盒临摹线稿

如图7-38，进行收音机临摹线稿练习。在练习的过程中应注意结构的转折准确。

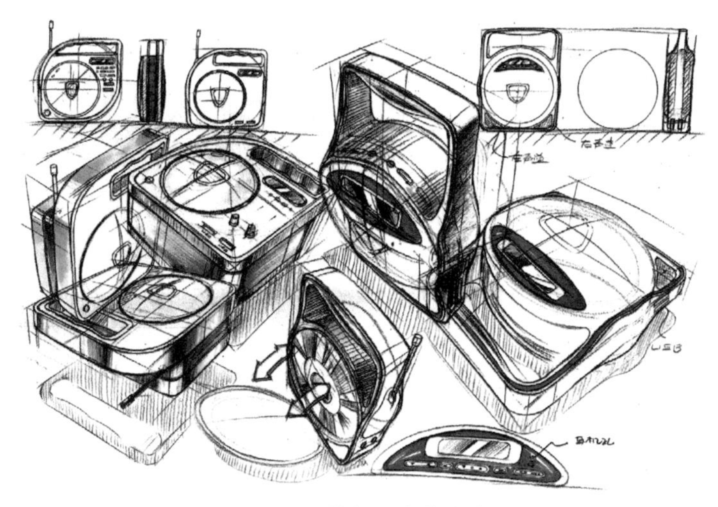

图7-38　收音机临摹线稿

7.3 快题设计版面练习

如图7-39，进行耳机版面练习。在进行版面练习时，要先分清主次关系，即主图和其他视角图要进行区分，构图要饱满，内容要丰富，标题要张扬，提升视觉冲击力。

图7-39　耳机版面练习

如图7-40，进行折叠机小版面练习。在本次练习中要注意产品多角度的表达以及局部的处理。

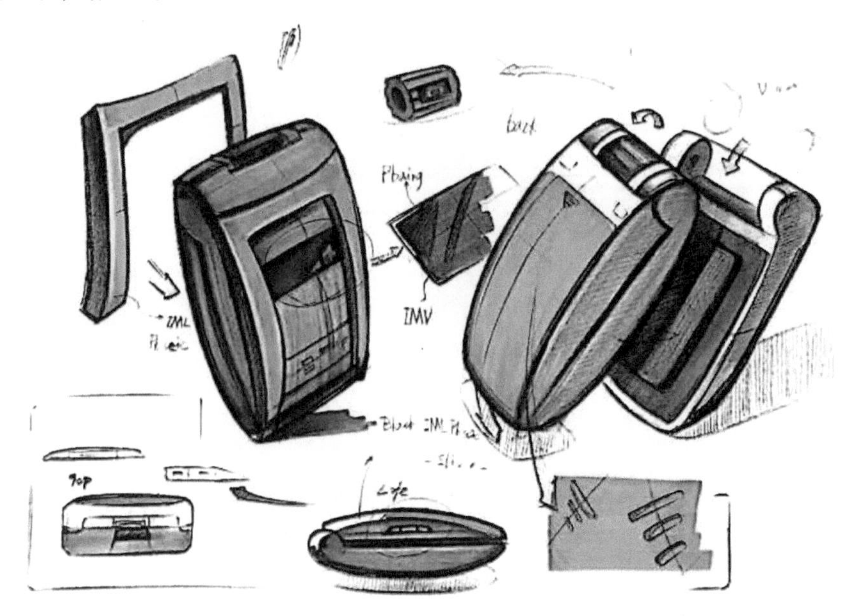

图7-40　折叠机小版面练习

如图7-41，进行面包机小版面练习。在进行此次练习中，要注意构图的饱满、内容要丰富以及局部的穿插处理。

图7-41　面包机小版面练习

如图7-42，进行打印机版面练习。在本次练习中要重点刻画主图，加强与其它板块的对比，提升画面的整体氛围。同时在上色的过程中要采用相符的材质来表达其质感。

图7-42　打印机版面练习

如图7-43，进行头盔版面练习。在进行此次练习中，要注意构图饱满，视觉中心要突出，同时上色要层次分明。

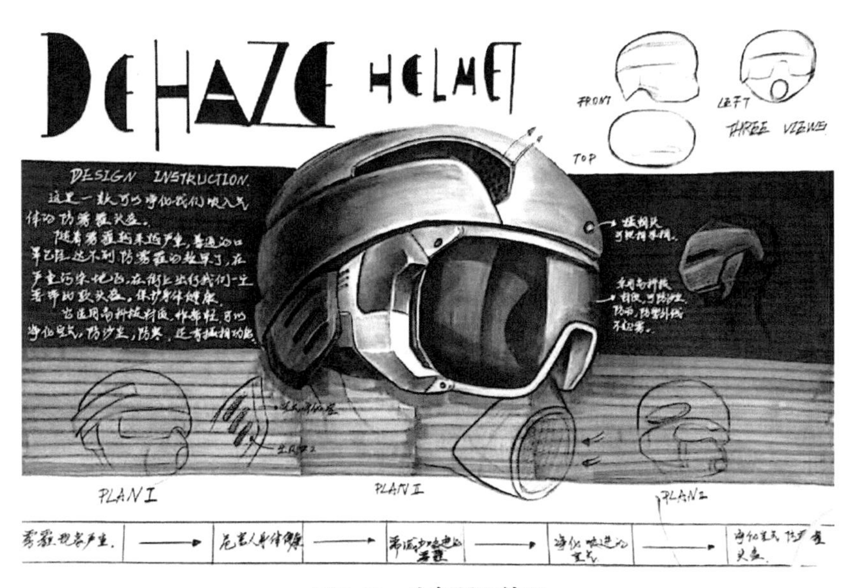

图7-43　头盔版面练习

如图7-44，进行机器人版面练习。在本次练习中要着重刻画主图，注意结构之间的穿插。

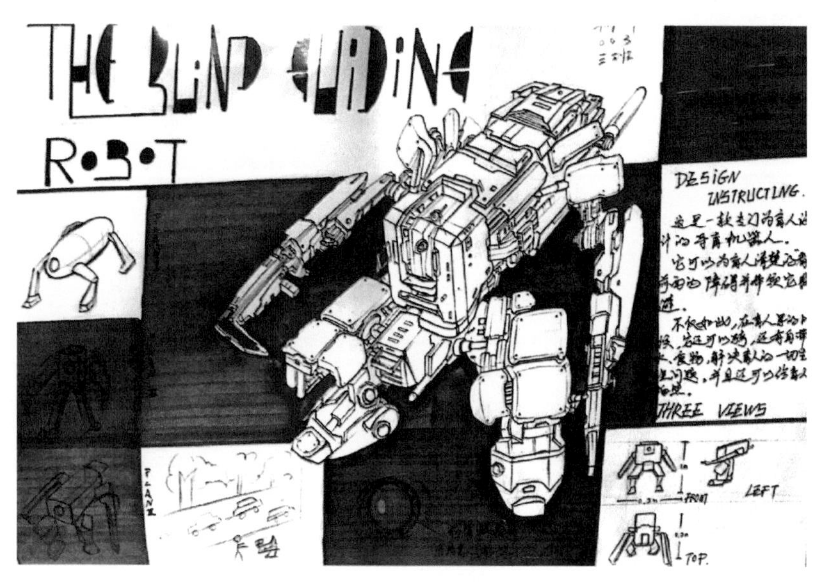

图7-44　机器人版面练习

如图7-45，进行婴儿车版面练习。在进行此次练习中，要注意结构的表现丰富具体，可以加入使用场景来增强产品的视觉化。

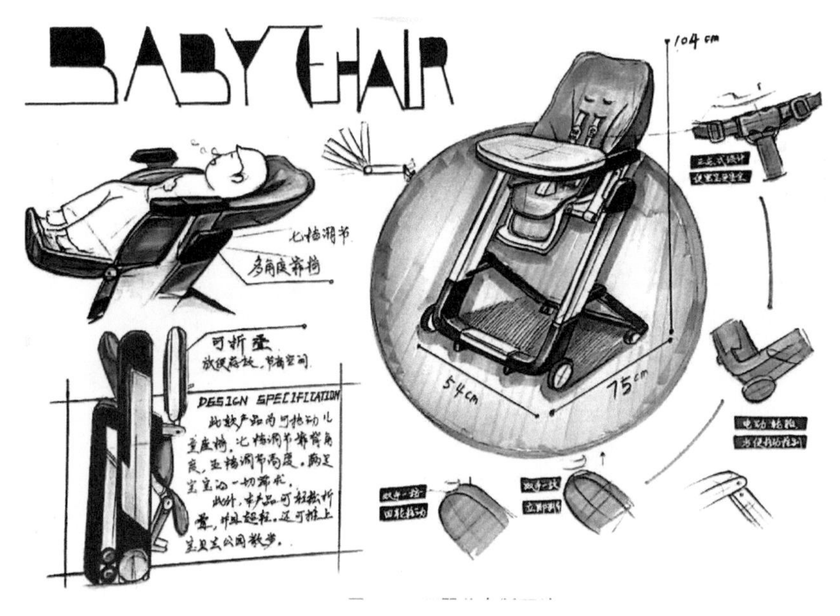

图7-45　婴儿车版面练习

如图7-46，进行婴儿座椅版面练习。在本次练习中要适当加入产品的使用方式来表现产品的功能性。

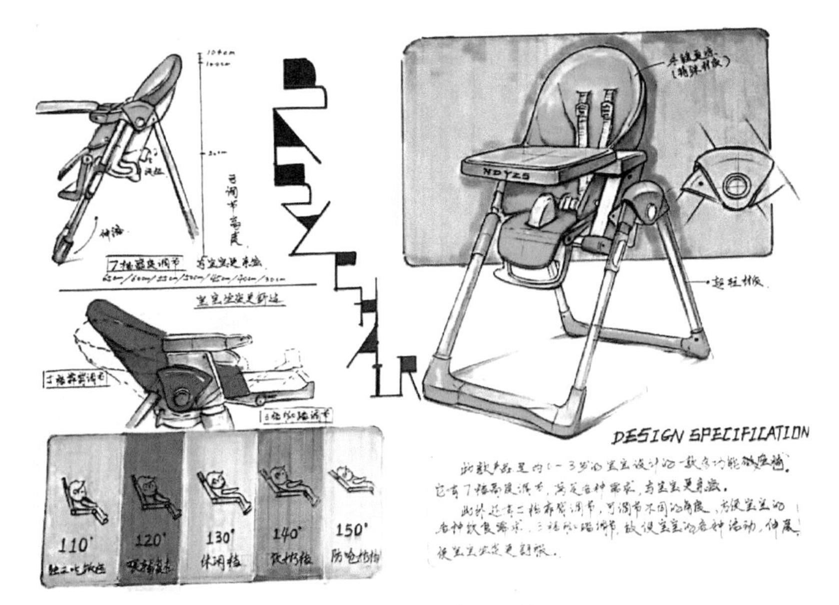

图7-46　婴儿座椅版面练习

如图7-47，进行吸尘器版面练习。在进行此次练习中，要注意整体版面的丰富度，上色过程中要果断，虚实结合，明暗对比要强烈。

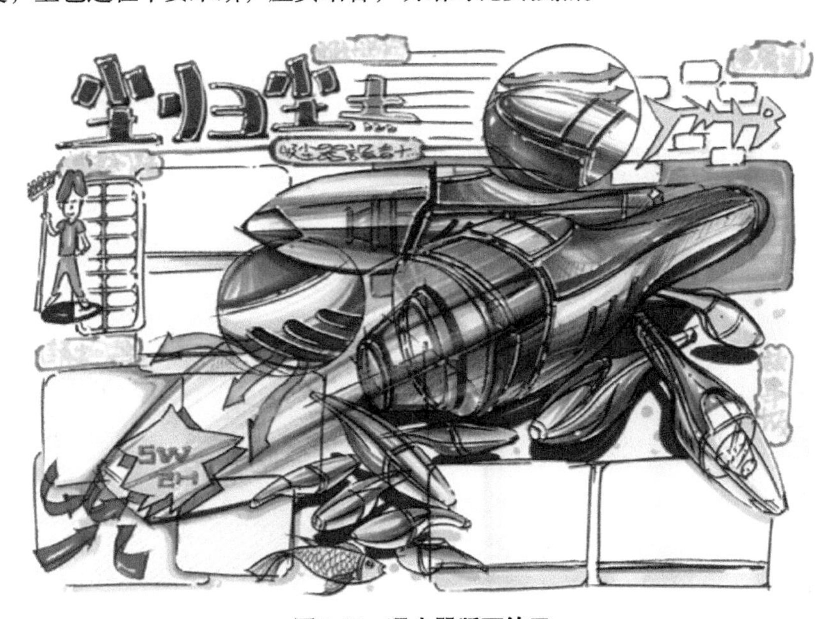

图7-47　吸尘器版面练习

如图7-48，进行口罩版面练习。在本次练习中要注意画面的节奏感以及丰富度。

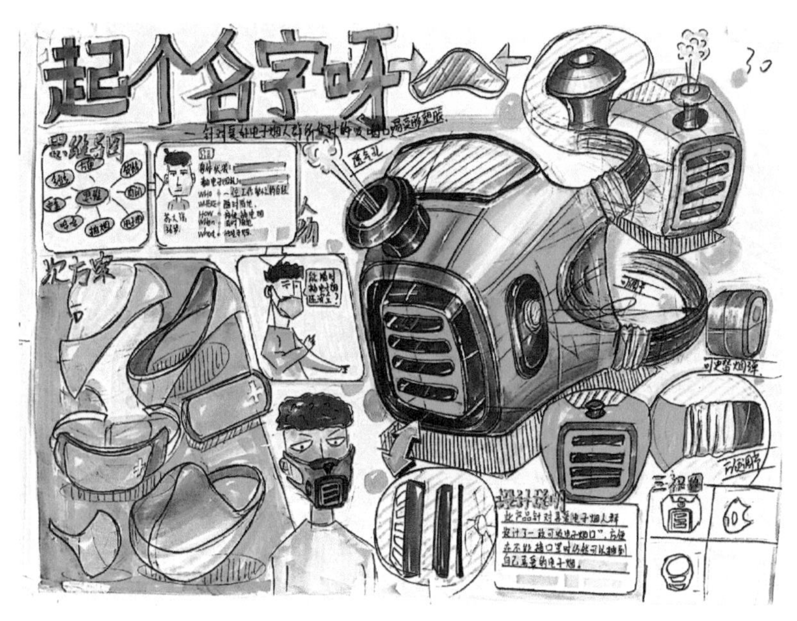

图7-48　口罩版面练习

如图7-49，进行防疫口罩版面练习。在本次练习中要注意整个版面的细节处理以及整体内容的丰富度。

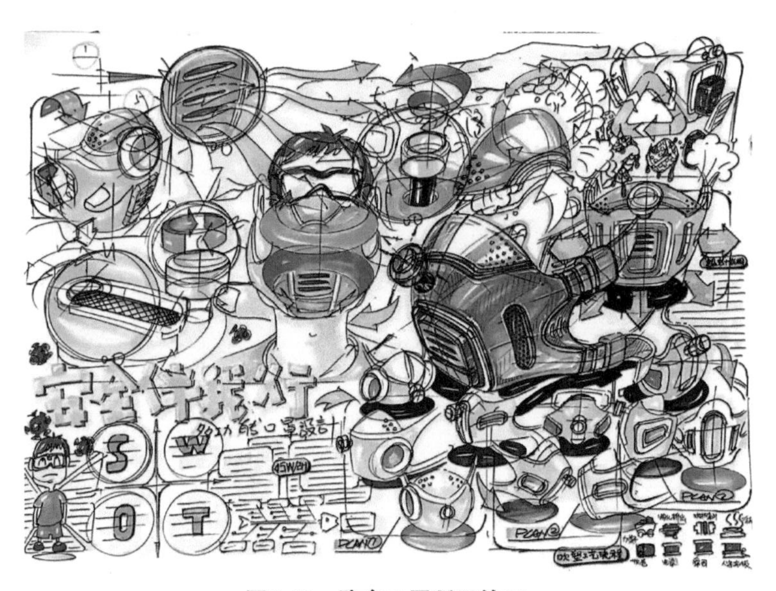

图7-49　防疫口罩版面练习

如图7-50，进行播放器版面练习。在本次练习中要注意画面各个板块之间的联系。

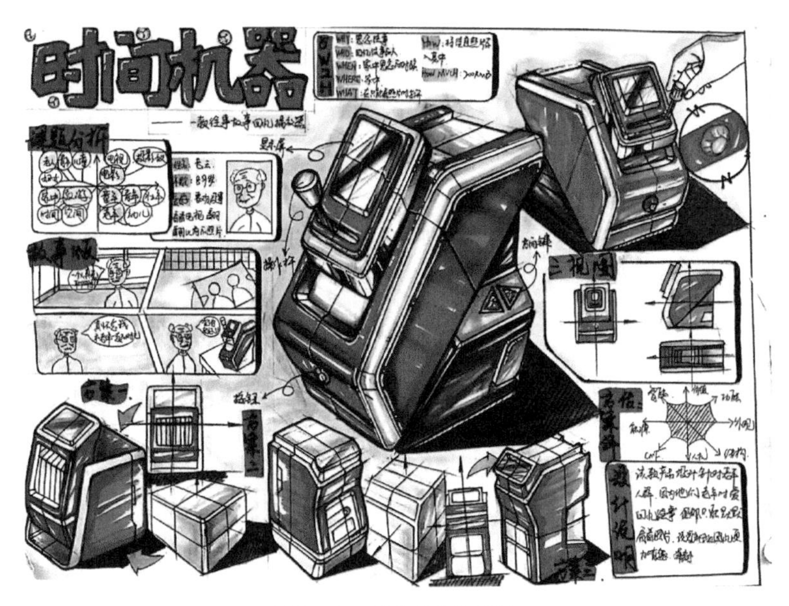

图7-50 播放器版面练习

如图7-51，进行厨具版面练习。在本次练习中要注意主图的着重处理，线条要自然流畅，用色要有关联性。

图7-51 厨具版面练习

如图7-52，进行净化器版面练习。在本次练习中要强调内容的丰富度，增强明暗对比，爆炸图、三视图等内容要简洁明了。

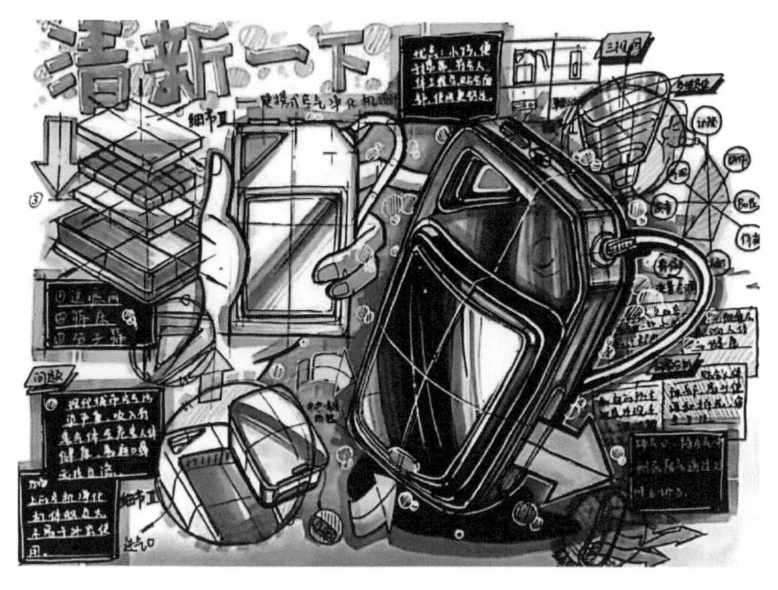

图7-52　净化器版面练习

如图7-53，进行投影仪版面练习。在本次练习中采用了仿生设计，因此要表现出仿生的过程，让画面过渡自然，同时用色要符合仿生生物的特点。

图7-53　投影仪版面练习

如图7-54，进行单人木马玩具版面练习。在本次练习中引用了老虎的外貌特征，所以在练习时需注意特征的表现，在用色上要符合老虎配色。

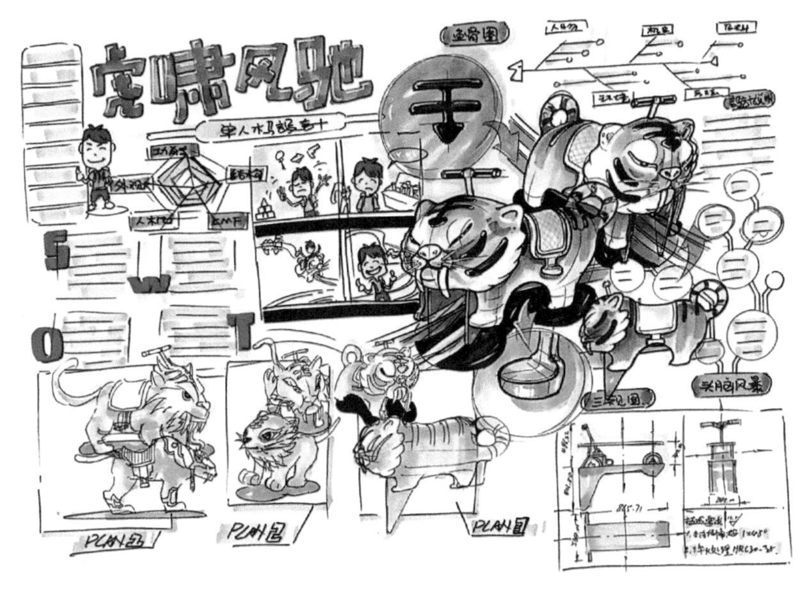

图7-54　单人木马玩具版面练习

如图7-55，进行音响版面练习。在本次练习中要注意对基本形球体的透视把握，在笔触上要跟着结构线走。

图7-55　音响版面练习

如图7-56，进行消防飞行器版面练习。在本次练习中要注意对功能使用方式的描述以及细节的处理。

图7-56　消防飞行器版面练习

如图7-57，进行助眠器版面练习。在本次练习中要注意配色的简洁性以及关联性，在笔触方面要自然流畅，表现出材质的特点。

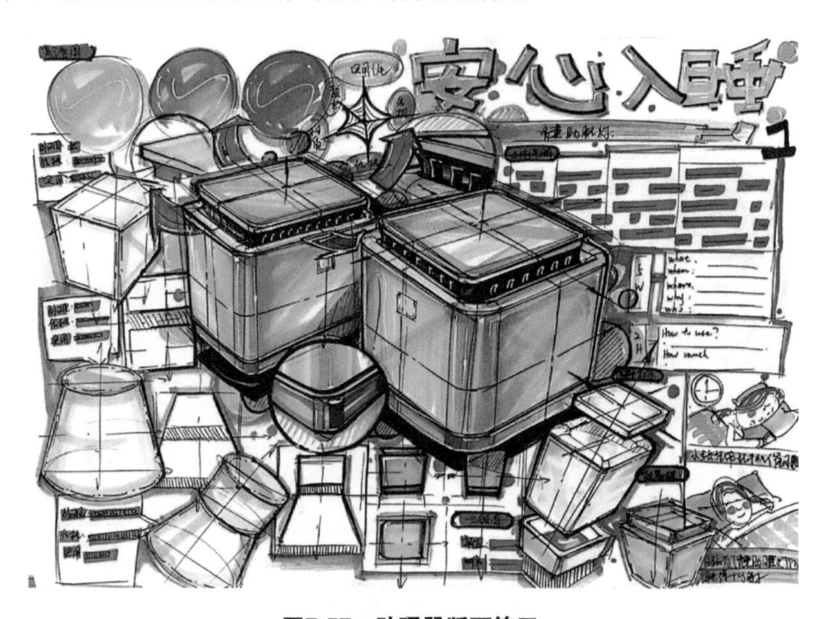

图7-57　助眠器版面练习

如图7-58，进行面包机版面练习。在本次练习中要注意画面的丰富度以及主图应深入刻画，对材质的表现要准确自然。

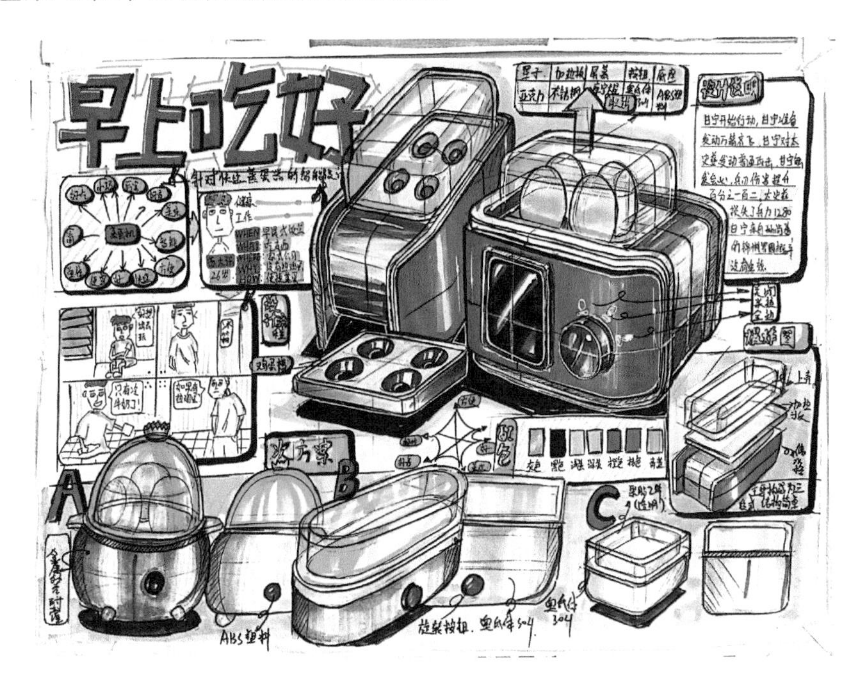

图7-58　面包机版面练习